보이지 않는 지구의 주인
미생물

보이지 않는 지구의 주인

미생물

세상을 움직이는 신비한 미생물의 세계를 탐험하다

오태광 지음

YANG 양문 MOON

우리는 모두 지구의 주인이 인간이라고 생각한다. 사람의 입장에서 볼 때 지구의 주인이 인간이라는 것은 의심의 여지가 없는 일이다. 하지만 관점을 달리해 생각해 보자. 사람의 세포 수가 대략 60조 개 정도인 데 비해서 사람의 몸속에 사는 미생물의 수는 대략 120~500조 개로 추정한다. 지구상에 존재하는 동물, 식물, 미생물 등 생명체의 무게를 다 합산한다고 가정하면 미생물이 총무게의 60퍼센트를 차지한다. 어린이 새끼 손가락 한마디 크기의 흙 1그램 속에 중국 인구보다 훨씬 더 많은 미생물이 살고 있다고 하니 수나 양으로만 볼 때는 분명히 미생물이 지구의 보이지 않는 또 다른 주인이라고 할 수 있을 것이다.

물론 참된 주인은 그 숫자의 많고 적음으로 결정되는 문제가 아니다. 구성원들과 조화를 이루어 잘 살아갈 뿐만 아니라 환경을 자자손손 건강하게 유지해 갈 책임을 가져야 진정한 주인이 될 수 있다. 그런 의미에서 동식물이 도저히 살 수 없을 만큼 좋지 않았던 수억 년 전의 원시지구를 지금처럼 쾌적한 환경으로 만든 주역이 미생물이란 점을 감안할 때, 인간이 진정으로 지구의 주인이 되기 위해서는 수많은 미생물을 잘 활용하여 인간의 삶의 질을 높이고 풍요로움을 구가할 뿐만 아니라 환경을 건전하게 만들어야 할 의무를 잊지 않아야 한다.

미생물들은 현재와 미래를 위한 아주 중요한 자원이다. 새로 찾은 미생물들을 유전체 정보화한다면 보물지도를 이용하여 보물을 찾듯이 유전체 지도를 통해 실용적인 결과를 효율적으로 찾을 수 있는 방법을 제공받을 수 있다. 미생물들과 그들이 가지는 유전체 정보를 이용하면 깨끗한 환경을 유지하면서도 인간에게 필요한 의약품, 식품, 화학품 등의 많은 소재와 자원을 얻을 수 있을 뿐만 아니라 청정의 새로운 에너지도 만들 수 있다. 즉 미생물을 잘 이용하면 인간의 욕구인 삶의 질과 양을 충족시키면서도 당당한 지구의 주인이 될 수 있는 것이다.

필자가 소속된 교육과학기술부 21세기 프론티어 미생물유전체 활용기술개발사업단은 2002년 출범 당시 세계 12위권이던 미생물 신규자원의 확보를 3년이 지난 2005년부터 현재까지 3년 연속 세계 1위로 끌어올리고 새로운 미생물 자원 확보에 최선을 다하고 있다. 새로 확보된 미생물 자원을 통해 유전체 보물지도를 많이 얻을 수 있을 것이고, 이를 잘 이용하여 높은 경제적 부가가치를 이끌어낼 수 있는 새로운 일자리와 먹을거리를 창출할 수 있을 것이다.

분명히 미생물은 인간들이 살아가는 데 없어서는 안 될 중요한 존재이다. 그럼에도 일반인들에게 미생물이 음식을 썩게 하고 질병을 발생시키는 나쁜 존재로만 인식되고 있는 것이 필자로서는 늘 아쉬운 부분이었다. 미생물 산업이 우리나라 바이오산업에서 아주 높은 비중을 차지하고 있는 상황인데도 말이다. 이 책이 미생물에 대한 시각을 달리하는 계기가 되어 눈에 보이지 않는 작은 미생물에 관심을 가지고 많은 사람들이 좀 더 가깝게 느낄 수 있기를 희망한다. 우선은 미생물들이 살아가는 이야기가 재미있게 읽혀지고 나아가 미생물 분야에 대해 많은 애착을 느끼게 되었으면 좋겠다. 지구의 보이지 않는 또 다른 주인인 미생물이라는 흥미진진한 바다에서 미래의 가능성이라는 큰 물고기를 낚을 수 있기를 기대한다.

서울대학교 은사님이신 박관화 교수님, 김재욱 교수님, 이계호 교수님, 전재근 교수님, 이형주 교수님, 서진호 교수님께, 지금까지 함께 연구한 이정기 교수, 김형권 교수, 김지현 박사, 윤정훈 박사, 박승춘 교수, 오병철 교수, 김영옥 박사, 김명희 박사, 배석현 과장 이외에 한국생명공학연구원 응용미생물실 연구원들에게도 감사드린다. 아울러 연구비를 지원해준 교육과학기술부의 도움 덕분에 책을 만들 수 있었다. 책 중에 인용된 많은 사진자료들은 교육과학기술부 21세기 프론티어 미생물유전체 활용기술개발사업단 연구책임자의 좋은 연구결과가 큰 도움이 되었으므로 심심한 감사를 표한다.

2008년 7월 원고를 정리하면서
오태광

1.
보이지 않는 생명체 이야기

미생물이란 무엇인가

흔히 우리 눈으로는 보기가 힘들고 현미경 같은 확대경을 통해서 볼 수 있는 작은 크기의 생물을 미생물이라고 부른다. 비록 크기가 작은 생물이지만 미생물은 다른 생물들과 깊은 유대 관계를 가지고 당당하게 살아가는 지구촌의 가족일 뿐만 아니라 실제로 지구상에서 가장 수가 많은 가족이다. 무엇보다도 인간이 도저히 살 수 없었던 수억 년 전의 원시지구를 지금처럼 동식물과 인간이 어울려 살 수 있도록 쾌적하게 만든 일등공신이기도 하다.

1637년 네덜란드의 현미경학자 안토니 반 레벤후크(Antonie van Leeuwenhoek)가 미생물을 발견하기 전까지는 미생물을 직접 눈으로 볼 수 없었기 때문에 아무도 미생물을 생물로 인정하지 않았다. 그런데 살아 있는 생물 또는 생명체란 과연 무엇인가. 생명체는 외부환경으로부터 유기물과 무기물을 섭취하여 얻은 에너지로 자신의 몸체를 키우고 자식을 낳아 번식하는 동시에 외부자극에 반응하며 일관성 있는 생활을 하는 존재이다. 그러므로 단지 사람의 입장에서 볼 수 없고 만질 수 없다는 이유로 미생물이 생물체라고 인정받지 못했지만, 우리가 인정하기 전인

10~15억 년 전에도 미생물은 분명 지구 가족의 큰 일원으로 살아가고 있었다. 이렇게 볼 때 눈, 코, 피부, 귀, 혀를 통한 오감으로 느끼는 인간 위주의 판단은 생명체라는 큰 범위에서는 의미가 없음을 알 수 있다.

현재는 미생물 가운데 하나이고 세균보다 100분의 1에서 1000분의 1 정도 더 작은 바이러스까지도 미생물의 범주에 넣는 데 아무도 이의를 제기하지 않는다. 약 10억 년 전으로 타임머신을 타고 되돌아간다면 지구는 공상영화에서 종종 볼 수 있는 것처럼 지금보다 훨씬 높은 온도와 압력 속에 공기가 주로 이산화황과 이산화탄소로 이루어져 있어서 현재 지구상에 살아가는 동식물은 전혀 찾아볼 수 없는 황무지 상태일 것이다. 이러한 상태에서 눈에 보이지 않는 작은 미생물들의 끊임없는 노력이 오늘날과 같은 생물체가 살아가는 지구로 변화시킨 것이다.

미생물들은 열악하고 나쁜 원시지구 환경에서 공기 중의 산소와 수소를 만들었다. 예를 들면 산호 같은 미생물은 공기 중의 이산화탄소를 석회석으로 고체화시켜서 이산화탄소의 함량을 낮춤으로써 생명체가 살아갈 수 있는 지구 환경을 만들었다. 보이지 않는 존재인 미생물의 위대함이 여기에 있다.

지구상에는 얼마나 많은 생물 가족이 살고 있고, 그중 미생물이 차지하는 범위는 얼마나 될까? 현재 지구에서 살아가는 생물들이 초기 원시생물에서 점점 발전해 나가는 가계도를 살펴보면 다음 쪽의 그림과 같다. 그림을 보면 사람을 포함한 동물이나 식물은 전체 생물의 가계도에서 단지 우측 상단 정도의 아주 작은 부분에 해당되고, 그 나머지 대부분을 미생물이 차지하고 있다.

생물은 크게 핵(nuclei)을 가지고 있는 진핵생물(eukaryote)과 핵이 없는 원핵생물(prokaryote)로 나눌 수 있다. 우리가 알고 있는 많은 미생

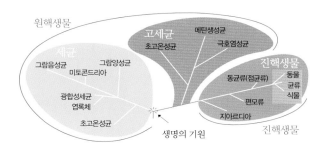

원핵생물

고세균 메탄생성균
초고온성균 극호염성균

세균

그람음성균 그람양성균
미토콘드리아

진핵생물

동균류(점균류) 동물
균류
식물

편모류

지아르디아

광합성세균
엽록체

초고온성균

생명의 기원

진핵생물

지구상에 살고 있는 생물 가계도

물은 원핵생물에 속한다. 흔히 세균이라 불리는 유박테리아(eubacteria)
는 가계도의 가장 왼쪽을 차지하는 가족이고, 수십억 년 전 원시지구 환
경의 고온 고압 등의 극한조건에서 살아남아 미생물의 조상 격이 된 고
세균(archaea)도 가계도 중앙을 차지하는 원핵생물이다. 원핵생물의 크
기는 종류에 따라 다르지만 1밀리미터 크기의 1만 분의 1에서 200분의 1
정도이며, 지구 생물 가계도에서 가장 왼쪽 부분과 중간 부분의 3분의 2
를 차지하는 가장 큰 가족군이다.

생물 가계도의 가장 오른쪽 부분 나머지 3분의 1을 차지하는 진핵생
물은 포도주를 만드는 효모, 페니실린을 만드는 곰팡이, 짚신벌레 같은
원생생물(protista)까지 미생물 가족으로 포함하고 있어서 미생물이 얼마
나 큰 가족인지를 알 수 있다. 이 진핵생물의 최선단 끝부분만을 동식물
을 포함한 인간이 차지하고 있을 뿐이다.

한편 식물과 미생물을 분류하는 데 있어서는 엽록소를 가지고 식물처
럼 광합성을 하는 세균이나 버섯처럼 가계도의 구분이 모호한 종도 결국
은 미생물 가족으로 포함시키고 있다. 버섯의 경우는 곰팡이처럼 실과
같은 균사를 만들고 하나하나 눈으로 보기 힘든 포자를 만든다는 점에서

엄연한 미생물 가족으로 분류된다. 신기하게도 곰팡이는 움직이지 못하고 모양이 식물에 가까워 보이지만, 실제로 최첨단 과학기술을 통해 분자 수준에서 분석해 보면 식물보다 동물 쪽에 더 가까운 미생물로서 식물보다도 수준이 더 높은 고등생물이다.

식물은 햇빛을 이용해서 광합성을 하고 이동하지 못하기 때문에 당연히 미생물에 포함되지 않지만, 움직이면서 광합성을 하는 조류, 규조류(Diatoms), 유클레니트(Euglenids), 쌍편모조류(Dinoflagellates) 등의 원생생물은 미생물에 포함된다. 작은 동물이지만 눈으로 볼 수 없다는 점에서 짚신벌레, 산호충 같은 로티퍼(Rotifer)나 극미세 선충(Nematoda)도 미생물 가족에 포함시킨다.

바이러스(Virus)는 직접 번식하지 못한다는 점에서 생명체로 분류하는 데 논란이 있지만, 다른 생명체에 침투하여 번식하고 생명현상을 유지하기 때문에 단순한 물질과는 다른 생물체로 보고 있다. 바이러스는 미생물 크기의 100분의 1 정도로 아주 작을 뿐만 아니라 주로 병의 원인이고, 구성요소의 대부분이 미생물에서와 같이 핵산(Nucleic acid)으로 되어 있기 때문에 연구자들은 미생물 분야로 분류하고 있다.

이 외에 프리온(Prion)은 바이러스와 비슷하게 자신의 힘으로는 살아갈 수 없고 다른 생명체 내에서만 수가 늘어나는데 가장 대표적인 예가 광우병이다. 하지만 핵산물질로 구성되어 있지 않고 자신의 개체 수를 늘이는 데 필요한 단백질로만 구성되어 있기 때문에 미생물 분야에서 많이 다루어지고 있다.

이처럼 미생물은 수분이 있는 곳에서는 지구상 어디에서나 생육할 수 있으며 인간 생활과 밀접한 관계를 가지고 있다. 따라서 이렇게 많은 미생물들의 생활의 비밀을 잘 이용하면 인간이 살아가는 데도 아주 유용할 것이다. 특히 미생물은 동식물의 생활에 직간접적으로 연관관계를 가지고 있으므로 질병 예방이나 생산성 증가에도 절대적인 영향을 미친다. 현재 고도의 과학기술로 확인할 수 있는 미생물은 현존하는 미생물의 1퍼센트 미만이라고 알려져 있다. 미생물 분야는 무한한 가능성을 가진 신개척지나 다름없는 것이다. 지금까지만 해도 미생물은 특유한 성질을 이용하여 식품이나 의약품을, 그 밖의 공업생산품 등 생산공업에 많이 활용하고 있으며, 간편한 시설로 계속 배양시킬 수 있는 인간과 지구환경에 유용한 생물자원으로도 각광을 받고 있다.

셀 수도 없는 미생물의 천문학적인 숫자

미생물은 그 개체를 육안으로 볼 수가 없기 때문에 아주 작은 생물이란 의미에서 미생물(微生物)이라고 한다. 실제로 미생물이 10만 마리 이상 모이면 집단적인 군락(Colony)을 이루게 되고 우리 눈으로도 직접 볼 수 있게 된다. 유산균 음료나 김치에 있는 유산균, 항생제를 만드는 방선균, 오래된 빵에 피는 곰팡이, 먹을 수 있는 양송이버섯도 미생물 가족이다.

그러면 우리가 사는 지구에는 얼마나 많은 미생물이 살고 있을까? 미생물 전문가들은 지구에 살고 있는 사람, 동물, 식물, 곤충, 물고기 등의 모든 생물체 전체 무게(Biomass)의 60퍼센트가 미생물이라고 추정하고 있다. 무게로 볼 때 미생물 한 마리의 체중은 약 1×10^{-12}그램(gram) 정도로 작은 곤충인 개미의 체중 1000의 1그램에 불과하다. 즉 10억 마리 이상의 미생물이 모여야 개미 한 마리 정도의 무게를 가질 수 있는 것이다.

이렇게 가벼운 미생물이 지구 생명체 무게의 60퍼센트를 차지하는데 이 무게를 숫자로는 어떻게 표현할 수 있을까? 사람이 표현할 수 있는 숫자 중 가장 큰 것은 '무량대수'로 대략 10^{68} 정도이다. 그런데 지구에 사는 미생물의 숫자는 무량대수를 훨씬 넘어서 사람들이 사용하는 숫자로는 표현할 수 없을 정도이다. 실제로 모든 동물이나 식물도 미생물과 함께 살아가는데 동식물의 몸체를 만드는 체세포 수보다 훨씬 많은 수의 미생물이 함께 살아가고 있다. 예를 들면, 성인 한 사람이 가지고 있는 세포는 대략 60조 개 정도이다. 사람의 큰창자에 존재하는 장내 미생물만도 소화 내용물 1그램에 약 120~500억 마리가 살아가고 있어, 실제 큰창자 내에는 순수 미생물만 약 1킬로그램 존재하기 때문에 사람의 큰창자 내에는 적어도 120~500조 마리 이상의 미생물이 살고 있다는 것을 알 수 있다.

또한 미생물은 사람의 입안이나 피부, 창자 등 음식물이나 공기, 물과 같이 외부와 직접 접촉이 가능한 모든 부위에 살아가고 있으므로 실제로 미생물의 종류와 숫자는 표현하기도 어려울 정도이다. 미생물은 때로 병을 일으켜 인간을 괴롭히기도 하지만 사람의 생명력 보존과 건강에도 중요한 역할을 하고 있다. 한 예로 사람의 피부에도 가로 세로 1센티미터에 약 100마리 정도의 미생물이 살고 있는데, 때로는 여드름이나 피부병을 일으키기도 하지만, 햇빛이 강한 날 야외에 나갔을 때에는 미생

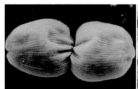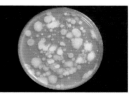

분열하는 미생물(왼쪽), 확대해서 본 대장균 미생물(가운데), 미생물 군락(오른쪽) 사진

물이 대신 자외선을 맞아 죽어가면서 사람의 피부를 보호하기도 한다.

그러면 우리 주위에 있는 흙에는 얼마나 많은 미생물이 살아가고 있을까? 새끼손가락 한마디 크기의 흙 1그램에 약 10~30억 마리 이상의 미생물이 살아간다. 전 세계 인구가 약 60억 명이라고 하면 3그램 정도의 흙 속에 살아가는 미생물과 그 수가 같은 것이다.

이렇게 셀 수 없을 정도로 많은 미생물은 지구와 지구상에 살아가는 인간을 포함한 동식물에게 어떤 역할을 하는 것일까? 수많은 동물과 식물, 곤충이 함께 살아가는 지구에서 미생물의 가장 큰 역할은 지구의 생물 가족이 잘 살아갈 수 있는 환경을 만드는 데 있다. 모든 생물은 태어났다가 생명을 다하면 죽게 된다. 만약 죽은 생명체가 썩어서 다시 흙으로 돌아가지 않는다면 지구는 생물의 시체로 가득 차서 생물이 살아가기 어려운 지경이 될 것이다. 그런데 미생물은 죽은 생물체를 분해하여 다시 자연으로 돌아가게 한다. 또한 미생물은 산업화 과정에서 오염된 환경을 정화하는 데도 가장 큰 역할을 하고 있다. 만약 미생물이 없다면 지구는 이미 거대한 쓰레기 하치장으로 변했을지도 모른다. 사람에게 있어서도 미생물은 유용한 존재다. 사람의 창자 안에 있는 수많은 미생물은 유익한 물질을 만들어서 사람의 건강에 도움이 될 뿐만 아니라, 해로운 병원성 미생물의 침입을 방해하여 건강을 지켜주는 역할을 하기도 한다.

이렇게 많은 미생물들은 어떻게 지구상에 살게 되었을까? 미생물은 이미 지구에서 10억 년 이상을 살아왔다. 그 과정에서 어떤 환경에서도 생존할 수 있는 생명력을 갖게 되었다. 이렇듯 강인한 생명력이 있었기 때문에 다른 생물들이 거의 멸종하고 말았던 급격한 기온 변화, 지각변동, 운석 충돌 같은 물리적 조건에서도 미생물은 살아남을 수 있었다. 또 한 가지 요인은 아주 빠르게 새끼를 번식시킬 수 있는 능력에 있다.

그 가운데서도 번식 속도가 가장 빠른 미생물은 대장균인데, 아주 빨리 번식할 때는 15~20분에 완전한 어른 미생물 두 마리가 되고 대략 하루에 약 10^{30}마리로 늘어날 수 있다. 이렇게 빠른 번식력과 현존하는 생물체 중 가장 오래 살아온 역사가 미생물의 다양한 종류와 많은 숫자를 만들었다.

하지만 현재의 뛰어난 과학기술로도 사람이 키울 수 있는 미생물은 수많은 미생물 종류 가운데 겨우 1퍼센트 미만 정도이다. 따라서 미생물은 지금까지 밝혀낸 것보다 더 많은 부분을 연구해야 할 무궁한 영역을 가지고 있다. 미생물의 기능과 역할을 완전히 밝혀내면 인간에게도 훨씬 유익한 역할을 하게 될 것이다.

보이지 않는 미생물은 어떻게 생겼을까

주변의 동물과 식물들은 무척 아름다운 것도 많고 추하거나 무서운 존재들도 많다. 그렇다면 눈으로 볼 수는 없지만 굉장히 많은 수와 종류를 가지고 살아가는 미생물은 과연 어떤 모양을 하고 있을까? 약 200여 년 전에 프랑스의 미생물학자 루이 파스퇴르(Louis Pasteur)가 목이 아주 긴 유리로 만든 파스퇴르 병을 통해 미생물을 따로 분리된 상태에서 키우기전까지는 우리 인간에게 미생물은 존재조차 알려지지 않은 상태였다. 사실 된장을 만드는 메주에 있는 미생물이나 빵에 핀 곰팡이는 수백만 마리의 미생물이 모여서 이루어진 군집상태이지 한 마리씩 따로 떨어진 미생물은 아니다.

한 마리씩 분리된 미생물은 1600년대에 100~1000배 정도를 확대해서 볼 수 있는 광학현미경이 발명되면서 비로소 볼 수 있게 되었다. 아주 뚜렷하지는 않지만 둥글거나 네모난 것 또는 선형 등의 모양을 보게 된 것이다. 현재의 기술은 수십만 배에서 수백만 배 이상을 확대할 수 있는 전자현미경이 개발되어 미생물의 세세한 눈, 코, 꼬리의 모양까지 볼 수 있게 되었다. 광학현미경으로 관찰되는 미생물의 모양에 따라 미생물의 이름을 붙이기도 하는데, 둥근 형태를 구균(Coccus), 나선 형태를 나선균(Spirillum), 긴 막대 형태를 간균(Rod bacillus), 나사가 여러 개 붙어 있는 모양을 나사균(Spirochete), 국자 모양에 부풀어진 모양을 박테리아(Buddy), 실 모양을 실 선균(Filamentous) 등으로 나누고 있다.

미생물의 모양은 우리가 눈으로 볼 수 있는 것보다도 훨씬 복잡하고 다양하다. 아래의 전자현미경 사진에서 가장 오른쪽에 있는 세균의 경우는 여러 개의 실선 같은 편모가 달려 있는데 이 편모를 이용해서 자기가 원하는 장소인 먹이가 많고 살기 좋은 장소로 이동하거나, 싫어하는 물질들을 피하여 움직이는 것을 알 수 있다. 오른쪽 전자현미경 사진에 나타난 검은색 실선의 크기가 1000분의 1밀리미터이므로 미생물의 크기를 짐작할 수 있을 것이다.

미생물은 다양한 모양과 색깔을 통해 새로운 무늬와 색을 만들 수 있어서 의류, 생활용품 등에 이용할 수도 있고, 독특한 모양으로 새로운 디

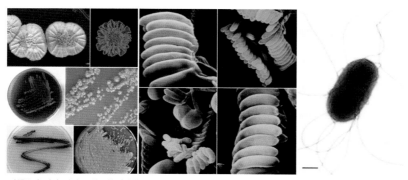

미생물의 여러 가지 모양: 왼쪽(미생물 군집 모양), 가운데(전자현미경 사진), 오른쪽(전자현미경 사진-세균 확대)(출처: 한국생명공학연구원 김창진 박사)

자인을 할 수도 있다. 전자현미경 사진의 중앙에서 볼 수 있는 다양한 모양은 실생활에 사용이 가능한 새로운 기능성 구조를 만드는 데 이용할 수도 있을 것이다.

한편 미생물은 지구 공기압보다 몇십 또는 몇백 배 높은 압력에서도 견딜 수 있는데 이런 특성은 미생물의 독특한 모양과 구조 때문에 가능한 것이다. 일반적인 생물체가 도저히 견딜 수 없을 만큼 높은 압력에서 견디는 미생물의 구조는 우주 공간이나 깊은 바닷속에서의 구조물 등에도 응용할 수 있다. 즉 미래의 건축, 우주선, 비행기, 심해 잠수정, 자동차 등의 디자인에 미생물의 구조를 이용할 수 있는 것이다.

또한 미생물이 만들어내는 다양한 색소는 단지 색을 내는 것뿐만 아니라 자외선으로부터 피부를 보호하거나 피부 산화를 막아주는 다양한 기능을 가지므로 우리가 입는 옷을 염색하는 것은 물론이고 의약품이나 화장품을 만드는 데 사용되기도 한다. 우리가 흔히 입는 청바지는 인디고(Indigo)라는 파란 색소로 염색하여 만든다. 일찍이 우리나라에서도 '쪽' 이라는 식물의 잎에서 파란 인디고 색소를 추출하여 사용하였다. 하지만 요즘은 청바지를 대량으로 생산하기 위해서 화학적 방법으로 파란 색소를 합성하여 사용하고 있다.

파란 인디고를 만드는 미생물과 미생물이 만든 인디고 색소로 염색한 천(출처: 조선대학교 김시욱 교수)

최근에는 미생물을 이용해서 인디고를 생산하는 방법이 개발에 성공하여 무공해 미생물이 만든 청바지가 만들어지기도 한다. 앞쪽의 사진은 파란 인디고 색소를 만드는 미생물을 분리한 사진이고 이 미생물 인디고로 실제 천에 염색한 결과이다.

이렇게 미생물이 가지고 있는 형태와 색은 인간에게 필요한 중요 자원을 만드는 데 점차 많이 이용되고 있고, 미생물과 산업의 연관성도 점차 넓어지고 있다. 미생물을 보는 시각을 달리하면 미생물로부터 얻을 수 있는 것도 무한히 많아질 것이다.

지구의 주인 미생물은 어디서 살까

미생물은 흙이나 강, 바다 같은 자연 환경은 물론이고 사람을 포함한 모든 동식물의 내부 또는 외부에서 살아가고 있다. 사람이나 동물, 식물이나 곤충 등 지상생물은 물론이고 민물이나 바다에 사는 물고기, 수생생물 등과도 함께 살아가면서 그들의 생명현상에 중요한 역할을 하고 있기 때문에 미생물은 모든 생명체와 불가분의 관계를 가지고 살아간다.

그 가운데서도 가장 쉽게 미생물을 볼 수 있는 장소는 썩어 가면서 냄새가 나는 더러운 곳이다. 이런 장소는 미생물이 활발히 활동하며 자연계를 청소하고 있는 현장이다. 살아 있든 죽은 것이든 썩는다는 현상은 냄새가 나고 불쾌한 것이지만, 오염물을 없애서 자연계를 깨끗하게 정화하는 중요한 작용 가운데 하나이다. 만약 미생물이 물질을 썩게 하지 않는다면 지구는 사람을 포함한 동식물의 시체와 배설물로 뒤덮여서 오염물 천지가 되었을 것이다.

사람이나 동물의 체내에는 음식물을 섭취하여 배설하는 소화기관인 입, 위, 작은창자, 큰창자와 배설물인 대변에 이르기까지 모든 부분에 미생물이 살아가고 있다. 소화기관 내에 살아가는 미생물을 장내 미생물이라고 하는데, 이 장내 미생물 가운데 어떤 것은 인간에게 매우 이로운 역할을 하지만 또 어떤 종류는 인간의 건강을 위태롭게 하며 심지어 생명을 빼앗아가기도 한다.

　가장 흔히 볼 수 있는 흙에도 사람의 새끼손톱 크기 정도인 1그램 속에 중국 인구보다 훨씬 더 많은 토양 미생물이 살아가고 있다. 토양 미생물은 동식물에게 해로운 독성물질을 분해하여 안전하게 할 뿐만 아니라, 식물이 이용하기 어려운 물질을 분해하여 식물의 영양분으로 공급하기도 한다. 또한 식물의 뿌리 근처에 살면서 공기 중 질소를 고정하여 식물체에게 비료를 만들어주며, 식물의 뿌리를 파먹는 선충을 죽이기도 한다.

　연못이나 호수에도 셀 수 없을 정도로 많은 미생물이 살아가고 있는데 이들은 연못이나 호수의 환경 정화에 중요한 역할을 하고 있다. 강에도 보이지는 않지만 수많은 미생물이 살아가면서 강의 환경을 건강하게 하고 있다. 반대로 강이나 호수에 질소 인산 등이 많이 흘러들어 생태계를 파괴하면 광합성 녹조 미생물이 많이 자라서 녹색으로 변하는 녹조현상으로 생태계를 파괴한다. 지구 표면적의 3분의 2을 차지하는 바다에

미생물학자들이 미생물을 분리하는 장소: 숲 속, 소의 뱃속, 경작지, 동굴(출처: 경상대학교 윤한대 교수)

도 수많은 미생물이 살아가고 있는데, 얕은 바다에서 1만 미터 밑의 깊은 바닷속까지 지금까지도 알려지지 않은 수많은 종류의 미생물들이 살아가고 있다.

바다에 사는 미생물은 지구상의 산소와 이산화탄소를 조절하고 수소를 생산한다. 바닷속 산호는 아주 오랫동안 공기 중의 이산화탄소 기체를 고체화하여 산호초를 만들었다. 산호초가 아주 많이 퇴적되어 오늘날 우리가 사용하는 석회로 변했기 때문에 지금처럼 공기 중 이산화탄소의 함량이 적당한 지구가 된 것이다. 만약 우리가 환경 관리를 잘못하여 미생물이 고체화시킨 이산화탄소를 기체로 만든다면, 지구가 수억 년 전의 원시지구 상태로 돌아가 사람을 비롯한 현존하는 모든 생물이 멸종하는 무시무시한 일이 벌어질 수도 있다. 실제로 급속하게 진행되고 있는 산업화로 인해 대량의 이산화탄소가 발생하고 있는 상황이다. 이 때문에 지구의 건강이 악화되어 오늘날 우리는 심각한 기후이상을 경험하고 있다. 현재까지 지구는 공룡이 모두 갑자기 죽어 없어지는 것과 같은 다섯 번의 멸종을 겪었는데 이런 기후이상으로 결국은 인간에 의한 '제6의 멸종'이 도래할 수 있다는 경고가 많아지고 있다. 그런 가운데서도 학자들은 원시지구를 지금처럼 만든 미생물이 또다시 해결의 실마리를 제공할 수 있을 것이라고 기대하기도 한다.

바다에 사는 미생물이 수소를 생산한다는 사실을 이용해 최근에는 미생물로 무공해 청정 수소에너지를 생산하고자 하는 연구가 계속 중이다. 흔히 미생물을 '지구의 주인'이라고 표현하는데, 이는 미생물이 지구의 어떤 지역에서도 살아갈 수 있고, 미생물의 활동이 기후 같은 지구환경 변화와 인간을 포함한 모든 생명체와 밀접한 관계가 있기 때문이다. 미생물은 지구의 어떤 환경에서도 살아가며 끊임없이 배출되는 폐기물이나 오염물 등을 정화시키기 위해 부단히 활동하고 있다. 하지만 일반 미생물에 비해 오염물질을 분해하거나 해독시키는 미생물의 수가 상대적으로 많아지면 녹조, 적조, 기후이상, 생태계 파괴 같은 자연재해가 발생한다. 미생물이 어떤 장소에서 어떤 습성이나 행태로 살아가는지를 잘 이용한다면 인간의 삶을 풍부하고 건강하게 하는 데 큰 길잡이가 될 것이다.

극한의 환경에서도 살아가는 무서운 생명력

미생물이 언제부터 지구상에 살았는지는 학설에 따라 약간의 차이가 있지만 대략 10억 년 전쯤으로 추정한다. 10억 년 전의 지구는 생물이 도저히 살아가기 힘든 높은 온도와 압력이었을 뿐만 아니라 공기 중 산소도 아주 희박했다. 더구나 생물이 자라는 데 필요한 영양분인 유기물 자체가 거의 없었고, 지금처럼 대기권이 형성되지 않아서 생명체에 치명적인 우주선이 직접 쪼였기 때문에 생물체가 살 수 없는 최악의 상태였다.

그러한 원시지구의 열악한 환경에서도 미생물은 살아 왔다. 지금도 미생물은 높은 온도나 압력, 산소가 없는 깊은 땅속이나 바닷속 등 어떤 지역에서도 살아갈 수 있는 능력을 가지고 있다. 뿐만 아니라 산성과 알칼리성이 아주 높은 흙속이나 영양분이 거의 없는 지역, 사막 같은 건조한 지역 등 생명체가 거의 살기 어려운 특수한 환경에서도 미생물은 살아간다. 온도가 아주 높은 지역인 화산이나 온천지대에서도 미생물은 흔히 발견되고, 심지어는 물의 끓는점인 100도 이상에서도 살아가는 미생물이 발견되고 있다. 화산지대 같은 특수한 환경에서 자라는 미생물은 대부분 산소 대신 유독성인 황산화합물을 이용한다. 원시지구에는 산소 대신 유독한 황화가스가 공기 중에 많이 존재했다. 당시 지구가 지금과 비교할 때 매우 높은 온도였음을 가정하면 미생물은 살아가기 위해서 당연히 산소 대신 황산화합물을 이용했을 것이고 그 덕분에 높은 온도에서 생존할 수 있었을 것이다.

원시지구 상태부터 지금까지 현존하는 미생물을 고미생물(Archeae)이라 칭하는데, 현대 과학기술은 원시 미생물인 고미생물을 하나하나 재발견하여 보고하고 있다. 그 가운데 파이로코크스 퓨리오수스(*Pyrococcus furiosus*)란 미생물은 고온에서 자라는 대표적인 고미생물로, 100도 이상의 온도에서 생육이 가능하고 오히려 70도 이하의 통상온도에서는 생육할 수 없는 특징을 가지고 있다.

50미터 깊이의 바다에서 인간은 아주 짧은 시간만을 버틸 수 있다. 하지만 미생물은 인간이 한계를 보이는 것보다 훨씬 더 깊은 땅속이나 바닷속에서도 살아가고 있다. 심지어 압력이 대기압의 1000배에 달하는 1만 미터 밑 바닷속 해구에도 미생물은 살아가고 있다. 차이점이 있다면, 바다 표면에는 바닷물 1밀리미터에 1만 마리 정도의 미생물이 살아가는 데 비해 깊은 바다에서는 1~100마리 정도의 적은 수만이 생육하고 있다는 점이다. 고초균(*Bacillus*)은 보통 지상에서는 짧은 막대모양의 미생물인데, 미국 버지니아에서 1.6킬로미터 이상 지하로 구멍을 뚫고 찾

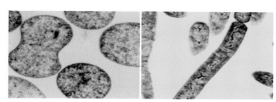

고온성 미생물인 고미생물 파이로코크스 퓨리오수스(왼쪽)와 깊은 지하에서도 살아가는 고초균(오른쪽)

은 고초균(*Bacillus infernus*)은 사진에서 볼 수 있는 것처럼 특이하게도 아주 긴 막대형의 모양을 가지고 있다.

물이 없는 사막지대는 물론이고 산이나 알칼리가 존재하여 생물체가 화학적으로 녹아버릴 수도 있는 지역에서도 미생물은 생육하고 있다. 미생물은 어떻게 이처럼 극심한 특수 환경에서도 살아갈 수 있는 것일까?

여러 가지 극심한 환경 중 높은 온도 조건을 검토하여 보면, 100도 이상의 높은 온도에서는 생선이 익어버리듯 생명현상을 유지하기가 어려워진다. 그런데도 미생물은 생존하고 있다. 처음 고미생물이 발견되었을 때 과학자들은 보통 온도에서 살아가는 생물과는 달리 그들의 몸체가 열이나 압력에 잘 견디는 특수성분으로 되어 있을 것이라고 생각했다. 하지만 연구 결과 그들은 보통 미생물과 동일한 성분으로 구성되어 있었다. 이후 많은 연구를 통해서 밝혀보니 구성 성분은 동일하지만, 구성분자들의 배열과 결합하는 순서에 따른 입체적인 3차 구조에 의해 물리화학적 특성이 엄청나게 달라진다는 것을 발견하였다. 현대과학은 고미생물 구성분자의 배열과 구성의 차이점을 이용하여 여러 가지 기능을 가진 신소재를 개발하고자 노력하고 있다. 또한 고생명체는 수억 년 전 극한 상태의 혹독한 지구에서 출발한 생명체의 기원과 그 발전 과정을 알려주는 실마리를 제공할 수도 있을 것이다.

깊은 바닷속에 서식하는 미생물을 분리하는 잠수함과 채취된 시료(출처: 한국해양연구원 김상진 박사)

미생물이 극한 환경에서 살아가는 수수께끼를 풀 수 있다면 앞으로 달이나 화성, 목성 같은 우주로 진출하는 지혜를 배울 수도 있을 것이다. 인간이 유용하게 사용하는 생물산업 소재를 생산하는 데에도 환경을 오염시키는 현재의 혹독한 방법을 사용하지 않고 무공해 고효율의 신기술 개발이 가능하다. 그렇게 되면, 지구 환경을 건강하게 유지하면서도 높은 기능의 산업소재를 얻을 수 있을 뿐만 아니라 나아가서는 제5의 원소와 같은 꿈의 신소재도 얻을 수 있다.

결론적으로 미생물은 일상적인 생활 조건뿐만 아니라 아주 열악한 환경에서도 살아갈 수 있는 무서운 생명력을 가진 생명체이므로, 미생물의 생존 전략을 밝히는 연구가 이루어진다면 분명 인간의 삶의 질을 풍부하게 해주는 오아시스 역할을 할 것이다.

2.

세상을 움직이는 놀라운
미생물의 세계

페니실린의 발견은 노력이 만든 기적

1929년 영국의 생물학자 알렉산더 플레밍(Alexander Fleming) 경은 당시 권위 있는 세균학 연구지인 《영국 실험병리학 저널*British Journal of Experimental Pathology*》을 통해 기적의 의약품인 페니실린(Penicillin)에 대한 연구결과를 발표하였다. 이 위대한 발표는 미생물에서 항생제라는 기적의 약을 만드는 역사의 시발점이 되었다. 그럼에도 플레밍의 이 열정적인 성과는 역사적으로 위대한 위인들이 그러했듯이 당시의 저명한 과학자들에게 너무도 대수롭지 않게 무시당하였다.

플레밍이 병원균을 죽이는 항생제에 지대한 관심을 가지게 된 동기는 제1차 세계대전에 외과의사로 참전하게 된 것이었다. 수많은 부상병들이 상처 부위가 곪아서 고름이 생기는 단순한 농양으로 죽어갔다. 당시는 농양이 생기면 외과수술로 상처 부위를 절제하고 소독하는 정도였다. 그러다가 심하게 곪으면 고열이 발생하여 패혈증으로 죽게 되는데, 이때 가능한 치료법은 상처 부위인 팔다리를 잘라내는 것뿐이었다. 하지만 팔다리를 잘라내는 무시무시한 치료조차 시기를 놓치면 결국은 죽는 수밖에 없는 상황이었다.

플레밍도 프랑스 볼로뉴의 야전병원에서 젊은 병사의 다리를 잘라내야 하는 상황에 처했다. 그때 플레밍은 혹시라도 젊은 환자가 조금씩 회복되어 다리를 잘라내지 않아도 되지 않을까 기대하며 하루를 기다렸다. 하지만 그 병사는 결국 죽고 말았다. 이런 뼈아픈 실수를 계기로 플레밍은 전 생애를 세균병을 치료하는 항생제 개발에 바치게 되었다. 전쟁이 끝나 런던으로 돌아온 플레밍은 병원을 개업했지만 많은 시간을 할애하여 세균을 죽이는 물질을 찾는 데 전력을 다하였다.

이런 노력으로 플레밍은 세포의 외벽을 분해하여 미생물을 죽이는 라이소자임(lysozyme)이란 효소를 발견하는 대단한 성과를 얻었다. 하지만 라이소자임은 병원성 미생물보다 질병을 일으키지 않는 미생물을 죽이는 아쉬운 결과를 얻어 질병 치료에는 실제로 사용할 수 없었다. 많은 사람들이 우연히 떨어뜨린 플레밍의 콧물에서 페니실린을 발견했다고 이야기하는데, 그것은 페니실린이 아니라 라이소자임의 발견에서 있었던 일이다. 실제로 사람의 콧물에는 라이소자임이 들어 있어서 콧속 점막으로의 세균 침입을 막아주고 있다.

전쟁이 끝난 후 10여 년 동안 플레밍은 상처를 곪게 하는 원인균인 포도상구균(*Staphylococcus*)의 배양 연구를 계속하였다. 어느 여름날 플레밍은 배양 연구 중에 잘못 오염된 푸른곰팡이를 발견했는데, 이 곰팡

알렉산더 플레밍(왼쪽). 플레밍이 직접 찍은 포도상구균의 배양접시에 오염된 푸른곰팡이: 푸른곰팡이 주위에는 포도상구균이 자라지 못한다.

이가 병원성 균을 죽인다는 것을 알게 되었다. 플레밍이 일하던 연구실은 실험시설이 나빠서 창문으로 새어 들어온 바람을 통해 곰팡이균이 쉽게 배지를 오염시킬 수 있었다. 플레밍이 휴가에서 돌아온 후 푸른곰팡이가 떨어진 곳에서 포도상구균이 죽어 있는 모습을 발견한 것이다. 이 발견은 대단한 행운이었다고 말할 수 있다.

계속된 연구에서 플레밍은 650여 종의 곰팡이로 같은 실험을 했다. 하지만 단지 몇 종의 푸른곰팡이만이 항균효과가 있었다. 플레밍은 곰팡이 자체가 아니라 곰팡이가 생산하는 물질에 항균효과가 있을 것이라고 생각하였다. 이때 발견한 푸른곰팡이의 정확한 이름은 페니실리움 노타툼(*Penicillium notatum*)이었다.

곰팡이에 의해 세균의 생육이 방해받는다는 것은 1887년 파스퇴르가 곰팡이가 병원성 세균에 대항한다는 사실을 보고한 이래 많은 세균학자들이 알고 있는 현상이었다. 플레밍의 연구가 다른 점은 푸른곰팡이를 실제로 키워 병원성 세균에 작용시킴으로써 병원성 세균을 죽이는 현상을 연구로 확정한 것이다. 하지만 곰팡이가 세균에 대항한다는 사실은 이미 알려져 있었기 때문에 당시 저명한 과학자들은 페니실린의 발견을 대단하지 않은 일로 여길 수밖에 없었다.

푸른곰팡이가 병원균을 죽인다는 사실을 발견한 것은 플레밍에게 굉장한 행운이었다. 그러나 그는 이를 체계적으로 연구하여 이런 현상이 미생물 자체가 아니라 물질에 의해 발생한다는 사실을 밝혀냈다. 제1차 세계대전이 끝나고 10년 이상 항생제 발견에 집중적으로 몰두하지 않았다면 그는 대단한 기적을 만들어내지 못했을 것이다. 또한 많은 세균학자들처럼 단지 곰팡이가 병원균에 대항한다는 현상적인 사실만 발견했다면 기적의 치료제 페니실린은 개발될 수 없었을 것이다. 플레밍이 제1

차 세계대전을 통해 항생제의 필요성을 절실하게 느꼈고, 라이소자임을 발견할 정도로 항생제에 대해 끊임없는 연구를 한 결실이 바로 기적을 만들어낸 것이다.

푸른곰팡이의 발견은 기적적인 우연이었을 수 있지만 페니실린을 기적의 약으로 만든 것은 플레밍의 불굴의 노력 덕분이었다. 아무에게도 주목받지 못했던 페니실린 발견에 대한 발표 이후 플레밍은 페니실린이란 물질의 실체인 화학물질을 증명하고 싶었다.

푸른곰팡이에서 실체를 분리하려는 시도는 유명한 생화학자 라이스트릭이 플레밍 팀에 합류하면서 시작되었다. 하지만 라이스트릭은 불행하게도 실체를 얻는 데 실패한 채 플레밍 팀을 떠나고 말았다. '곰팡이 플레밍'이란 별명을 얻을 정도로 학계에서 무시당하면서도 플레밍은 결코 연구를 포기하지 않았다. 마침내 1939년 생화학자 에른스트 체인(Ernst Chain)이 푸른곰팡이에서 페니실린이란 노란 물질의 실체를 분리하는 데 성공하였다. 그리고 병리학자 하워드 플로리(Howard Florey)는 노란 페니실린이 장시간 보관하거나 3000만 배 물에 희석해도 효능이 있다는 것을 발견하였다.

페니실린을 실제로 환자에게 투여한 것은 1940년 옥스퍼드 병원에서였다. 허가를 받고 실험을 했지만 첫번째 환자인 경찰관은 치료되는 듯하다가 페니실린의 양이 너무 적어서 결국 사망하고 말았다. 그 후 충분한 페니실린을 가지고 두 명의 환자를 치료해 생명을 구하는 데 성공했다. 플레밍이 병원균을 죽이는 푸른곰팡이를 발견한 이후 생화학자 체인이 페니실린이라는 물질을 분리하여 실체를 입증하고, 병리학자 플로리가 약효를 확인하고 환자 치료에 성공하는 긴 과정을 통해서 인류 역사상 가장 위대한 기적의 약인 페니실린이 정식으로 세상의 공인을 받게 된 것이다. 이러한 업적을 인정받아 플레밍과 플로리, 체인은 1945년 노벨생리의학상을 수상하게 되었다. 푸른곰팡이가 처음 발견된 지 16년이 지난 후의 일이었다.

페니실린 분리를 처음 시작했던 라이스트릭은 실패한 채 플레밍 팀을 떠나 연구소를 옮기게 되었고, 심지어는 페니실린 자체를 증오하기까지 하였다. 그런데 실제로는 라이스트릭이 노란색의 페니실린을 이미 분리했다. 그럼에도 그는 연구소를 떠나면서 별 생각 없이 노란색 분말을 쓰레기통에 쏟아버렸다. 작은 소홀함이 위대한 성공을 놓쳐 버렸고 결국 노벨상의 영예는 생화학자 체인에게 돌아가게 된 것이다.

페니실린의 발견에 대해 우연한 기적이라는 표현들을 많이 한다. 하지만 플레밍에게 항생제에 대한 굳은 의지와 이에 상응하는 노력이 없었어도 기적이 일어났을까? 페니실린의 발견은 결코 우연한 기적은 없으며 단지 노력만이 기적을 만들어준다는 교훈을 가르쳐준다.

이야기로 풀어보는 페니실린의 역사

1929년 세균학자 알렉산더 플레밍은 상처를 곪게 하는 포도상구균의 발육을 억제하는 푸른곰팡이에서 페니실린을 발견했다. 하지만 이를 발표한 후에도 세상 사람들로부터 크게 주목을 받지 못했다. 1938년 영국 옥스퍼드 대학의 하워드 플로리는 단지 '흥미로운 과학 연습'이라는 생각으로 생화학자 에른스트 체인과 이에 대한 연구를 시작했다. 그들의 페니실린 연구는 그다음 해인 1939년, 미국 록펠러재단으로부터 신약 개발이란 연구제목으로 5000달러를 지원받으면서 보다 활성화되었다. 페니실린이 성공한 이후 세균학자의 미생물학적 연구결과와 생화학과 화학이 만나 오늘날 융합연구의 기초가 된 셈이다.

미생물의 세포벽을 분해해서 죽게 하는 라이소자임이 플레밍에 의해 보고된 이후에 페니실린이 발표되었을 때 사람들은 페니실린도 라이소자임같이 분자량이 큰 단백질이라고 생각했다. 물론 플레밍은 전혀 분자량이 큰 단백질이라고 생각하지 않았다. 페니실린이 분자량이 적은 화학물질임을 안 플로리와 체인은 유능한 생화학자 노먼 히틀리(Norman Heatley)를 연구에 동참시켰다. 1940년 히틀리는 순수한 페니실린을 추출하여 주로 동물실험을 했는데, 50마리의 쥐에 치사량의 포도상구균을 주사한 후 그중 절반은 페니실린을 주사하고 나머지는 주사하지 않았다. 그런데 페니실린을 주사하지 않은 쥐는 모두 죽은 데 비해 주사한 쥐는 모두 살아남는다는 놀라운 사실을 발견하였다.

오늘날은 이런 동물실험에 주로 애완동물로 키우는 모르모트를 사용한다. 쥐를 사용해서 동물실험에 성공했던 초기의 연구에는 깜짝 놀랄 만한 숨은 이야기가 있다. 페니실린은 모르모트에게 독약 같은 역할을 한다. 따라서 당시에 쥐가 아니라 모르모트를 사용했더라면 기적의 약 페니실린은 세상의 빛을 보지도 못한 채 역사의 뒤안길에 파묻혔을 것이다.

페니실린이 사람에 대해 처음 쓰인 것은 1940년 옥스퍼드대학에서였다. 43세의 경찰관이었던 환자는 면도칼을 잘못 다루다가 베어서 곪았는데 급성 패혈증으로 번지고 있는 상태였다. 당시의 급성 패혈증은 오늘날의 암처럼 치명적인 병이었다. 환자가 며칠밖에 살지 못한다고 의사들이 선고한 절망적인 상황에서 플로리와 체인은 페니실린을 사람에게 실험해 볼 수 있는 허가를 받았다. 페니실린을 주사한 후 24시간이 지나자 환자가 회복되면서 곪은 상처 부위가 줄어들었다. 그러나 플로리와 체인이 가지고 있던 페니실린의 양이 너무 적어서 결국 경찰관은 사망하

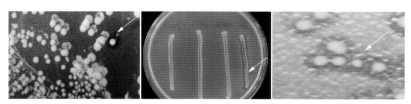

항생제를 개발하기 위해서 미생물학자가 사용하는 방법: 화살표가 항생 역가가 있는 부분

고 말았다. 경찰관이 죽은 지 몇 주 후 플로리와 체인은 페니실린 양을 충분히 확보한 상태에서 한 젊은이의 생명을 구함으로써 성공을 거두게 되었다. 페니실린의 양이 문제였던 것이다.

그 당시는 푸른곰팡이 100리터에서 고작 1그램 정도의 페니실린만을 만들 수 있었는데, 환자 한 사람을 치료하는 데는 5~10그램의 페니실린이 필요했다. 아무리 기적의 약이라고 해도 생산할 수 없는 상태에서는 많은 환자를 치료할 수 없었다. 플로리와 체인은 이 문제를 해결하기 위해 영국 정부에 연구비를 신청했으나 독일과 전쟁 중이어서 거절당하고 결국 영국 기업마저도 거절했다. 체인과 플로리도 1929년 플레밍의 연구결과가 학계에서 외면당한 것과 같은 상황에 처하게 된 것이다.

문제는 플로리가 미국으로 건너감으로써 해결되었다. 만약 이때 영국에서 포기하고 말았다면 페니실린은 의미 있는 한 편의 논문으로 끝났을지도 모른다. 페니실린을 대량으로 생산하기 위해서는 미생물을 키울 수 있는 큰 용기가 필요했다. 그런데 당시 미국에서는 주류 판매금지법이 실시되어 술을 만들 때 사용하던 거대한 용기가 많이 남아돌고 있었다. 술을 만들던 솥에서 미생물을 키우던 중에 플로리와 체인 박사팀의 앤드류 모이어(Andrew J. Moyer) 박사가 함께 일을 했는데, 호기심이 많은 모이어 박사가 푸른곰팡이를 키우는 배지를 아무렇게나 섞어 보았다. 그러던 어느 날 모이어는 페니실린을 20배나 많이 생산할 수 있는 푸른곰팡이의 배지 영양분을 발견하게 되었다. 놀랍게도 이 영양분은 옥수수 전분을 걸러내고 난 알칼리성의 폐옥수수 전분액이었다. 오늘날까지 아미노산이나 항생제를 생산하는 발효산업에서 설탕을 만들고 남은 폐사탕수수액, 폐옥수수 전분액을 사용하는 계기가 된 연구였다.

기적의 약 페니실린을 개발하여 돈을 가장 많이 번 사람은 누구일까?

노벨상을 받은 플레밍이나 플로리, 체인이 아니라 폐옥수수 전분액으로 재빨리 특허를 낸 모이어 박사였다. 페니실린을 실용화할 수 있도록 한 또 다른 페니실린의 공로자는 메리 헌트(Mary Hunt) 박사였다. 플레밍이 발견한 초기의 푸른곰팡이는 페니실린 생산량이 너무 적어서 이용하기가 어려웠다. 헌트 박사는 더 많은 페니실린을 생산할 수 있는 새로운 푸른곰팡이를 찾기 위해 각고의 노력을 했지만 별 성과가 없었다. 그러던 어느 날 헌트 박사는 시장에서 과일을 사다가 썩은 멜론에 피어 있는 푸른곰팡이를 발견했다. 그리고 이 푸른곰팡이로 플레밍이 발견한 곰팡이의 200배나 많은 페니실린을 생산하게 되었다. 모이어 박사와 메리 박사의 연구 덕분에 100리터에서 1그램을 생산하던 페니실린을 4킬로그램(20×200=4000그램)까지 생산할 수 있게 된 것이다. 이처럼 노벨상을 받은 플레밍, 플로리, 체인 박사의 영광 뒤에 노먼 히틀러, 모이어, 메리 헌트 박사 등의 열성적인 노력이 있었기 때문에 오늘날 기적의 약 페니실린이 환자들에게 사용될 수 있었다.

돌을 더 단단하게 만드는 미생물

다보탑, 석가탑, 석굴암, 첨성대처럼 돌로 만들어진 중요한 문화재들이 심각한 환경오염으로 인해 부식되고 있다. 이대로 가다가는 결국 원래의 모양을 잃어버려서 우리 후손들은 고귀한 문화재를 원형 그대로 볼 수 없게 될지도 모른다. 문화재를 구성하고 있는 돌을 단단하게 하여 환경이 오염되더라도 파괴되지 않게 하는 방법은 없을까? 미생물학자들은 돌 속에 사는 미생물들이 돌을 단단하게 만들 수 있다는 사실을 발견함으로써 이에 대한 해결책을 얻었다.

도대체 미생물은 어떠한 작용으로 돌을 단단하게 만들까? 20세기 초반에 스페인에서는 돌 구조물을 단단하게 하여 보존성이 좋아지게 하는 방법에 대해 특허를 출원했다. 그것은 돌에 바실루스(*Bacillus*)란 미생물을 뿌려주는 단순한 방법이었다. 바실루스가 돌에 자라면서 돌의 표면에 칼슘 카보네이트(Calcium Carbonate)란 화학물질을 만드는데, 이 물질이 돌의 표면을 단단하게 하는 경화작용을 함으로써 강도를 높여 부서지지 않게 하는 것이다. 바실루스라는 미생물은 돌의 표면을 단단하게 만들 뿐만 아니라 얇은 막(Biofilm)을 만들어 돌 표면의 아주 작은 공기구멍들을 막아주기도 한다. 이렇게 되면 돌 외부로부터의 공기 유통이 차단되고, 수분이 들어와 포화되는 상태도 피하게 되므로 수분으로 인해 생기는 부스러짐을 방지할 수 있다. 하지만 미생물들이 만든 얇은 막이 파괴되면 급격하게 외부로부터 수분이 들어오게 되고 돌의 퇴화속도를 가속화시켜서 훨씬 빨리 붕괴되는 원인이 된다.

바실루스는 돌을 단단하게 하고 공기구멍을 막아주지만 갑자기 생물막이 부서지면 급격하게 돌이 부석부석하게 퇴화되어 버린다. 최근 과학자들은 이러한 바실루스의 단점을 극복한 믹소코쿠스(*Myxococcus xanthus*)란 새로운 미생물을 발견하였다. 즉 돌에 있는 공기구멍을 얇은 생물막이 막았다가 갑자기 부서지면 더 급격하게 돌이 퇴화되는 것을 새로운 미생물을 사용함으로써 막을 수 있게 된 것이다. 또한 이 새로운 미생물은 돌의 구성물질을 강하게 경화시키는 물질을 구조상 더욱 안정되게 만들어 효율성을 극대화하였다. 특히 20세기 초기에 개발된 바실루스가 단지 대리석에만 작용하는 데 비해 믹소코쿠스는 대리석이든 석회석이든 돌의 종류와 관계없이 모두 강하게 경화시키는 특성을 가지고 있다. 돌의 재료가 무엇이든 어떤 구조물이든 미생물을 사용하여 더욱 더 효율적으로 보존할 수 있는 방법이 개발된 것이다.

사진에는 스페인의 중요한 돌 기념물(왼쪽 사진)에 믹소코쿠스를 처

스페인에 있는 오래된 돌 구조물(왼쪽). 돌 구조물에 믹소코쿠스란 미생물을 처리한 후 확대했을 때 형태를 유지시키는 못 모양의 칼슘 카보네이트(Vt)와 탄산 석회화된 미생물 세포(cbc) 모양

리하여 30일 이후에 확대한 모습이 나타나 있다(오른쪽). 믹스코쿠스를 처리한 돌을 일부 채취하여 전자현미경으로 확대한 사진을 보면 칼슘 카보네이트의 중합체가 고형화되어 못 모양의 침상 구조(Vt)를 보여준다. 시멘트로 콘크리트를 만들 때 철근을 넣어줌으로써 콘크리트를 아주 단단하게 만드는 것과 같은 효과이다. 또한 처리한 미생물이 고형화(cbc)되어 둥근 덩이를 만들어서 공기가 쉽게 외부에서 내부로 통할 수 있게 하였다.

돌을 강화시키는 능력이 뛰어나더라도 미생물이 사람이나 가축을 해롭게 한다면 사용할 수가 없다. 그러나 믹소코쿠스는 흙에서 흔히 볼 수 있는 토양 미생물이기 때문에 사용하여도 위생상 전혀 문제가 되지 않는다. 또한 미생물을 돌 구조물에 처리하여 단단하게 할 때 겉모양이 많이 달라지거나 표시가 나면 곤란한데 사진에서 보는 것처럼 외관상으로는 전혀 표시가 나지 않는다. 미관상 전혀 바뀌지 않으면서도 강도를 높여서 구조물의 수명을 획기적으로 연장할 수 있는 미생물 방법이 개발된 것이다. 기념물이 될 건축물이나 조형물에 미생물을 이용하는 보호방법은 다른 물리화학적인 방법에 비해 예술적인 아름다움은 그대로 유지하면서 내부적으로 구조물의 안정성을 높일 수 있는 획기적인 방법이다.

돌을 강하게 하는 미생물 기술은 앞으로 만들어지는 조각물이나 건축물의 강도나 내구성을 높이는 데 유용하게 쓰일 수 있다. 이 밖에 건축물의 소재를 생산하는 데도 미생물 기술을 활용할 수 있다. 예를 들어 어떤 미생물이 생산하는 고분자 물질을 시멘트에 첨가하면 시멘트의 굳는 속도가 빨라지고 시멘트의 강도를 아주 뛰어나게 할 수 있다. 이런 미생물 고분자 소재는 이미 시멘트에 혼합하여 사용되거나 특수용도의 시멘트가 실험 중에 있다.

미생물과 미래의 건축은 이미 불가분의 관계를 가지고 있다. 더 많은 미생물이 발견되고 이들의 기능이 밝혀진다면 더 많은 첨단 건축소재들의 개발이 가능해질 것이다. 이처럼 미생물 기술은 인간이 살아가는 주거 건축물을 더욱 안정하게 할 뿐만 아니라 문화유산인 아름다운 조형물을 우리 후손에게 원형 그대로 물려주는 데도 큰 역할을 할 것으로 기대된다.

미생물이 만드는 녹색 전기

석유가격이 갈수록 천정부지로 폭등하고 있다. 에너지 자원이 부족한 우리나라로서는 정말로 어려운 시기이다. 인간은 대표적인 에너지 자원인 전기를 만들기 위해 전통적 방법인 수력, 화력, 원자력을 사용할 뿐만 아니라 최근에는 태양에너지나 풍력, 조력 등 활용 가능한 모든 자원을 이용하고 있다.

그런데 지구상에서 가장 흔한 존재인 살아있는 생물을 이용하여 전기를 마음대로 만드는 방법은 없을까? 물론 가능하다. 전기가오리, 전기뱀장어 등이 몸속에 발전기를 가지고 전기를 만드는 것은 잘 알려져 있다. 하지만 전기가오리가 만든 전기는 자극을 받았을 때 순간적으로 방전되어 저장할 수가 없기 때문에 에너지로 사용하기가 어렵다. 즉 전기에너지를 실용화하기 위해서는 연속적인 생산이 매우 중요하다.

그렇다면 생물을 이용해 연속성이 있게 전기를 생산할 수 있을까? 1960년대에 미국 우주항공국(NASA)에서는 미생물을 이용하여 우주선 내의 폐수를 처리하기 위해 이러한 연구를 시작했다. 전기 생산효율이 낮아서 연구가 더 진척되지는 못했지만, 미생물로도 연속적인 생산이 가능하다는 것은 확인하였다. 미생물도 호흡하면서 인간과 같이 유기영양물질을 분해하여 에너지를 얻고, 최종산물로는 수소와 전자를 얻는다.

　미생물은 전자를 몸속에 산소로 전달하고 결국은 음극으로 흘러 전기를 생산한다. 전자를 몸속에서 만들기 때문에 몸 밖으로 빼내주어야 전기로 이용할 수 있다. 따라서 미생물의 몸속에서 전자를 빼내주는 중간전달체가 반드시 있어야만 한다. 미생물로 전기를 생산할 때의 어려움은 중간전달체의 값이 비쌀 뿐만 아니라 사용할 때 환경오염을 유발시키기 때문에 청정에너지로서의 의미가 퇴색된다는 점이다.

　그런데 우리나라 미생물학자의 노력으로 중간전달체가 갖고 있는 어려움을 해결할 수 있었다. 전자를 미생물의 몸속 산소에 전달하지 않고, 미생물 표면에 박혀 있는 철분이 포함된 시토크롬이란 색소 단백질로 전달하는 슈와넬라(*Shewanella* HN-41)라는 신규 미생물을 발견한 것이다. 이는 철선을 전선으로 사용하는 것과 동일한 원리이다. 전기 생산 방법에서도 단지 철판으로 만든 전극을 생활폐수에 담가두고 슈와넬라라는 미생물을 넣어주면 된다. 그러면 생활폐수를 영양분으로 자란 미생물이 음극인 철판에 달라붙어서 전자를 흘러가게 함으로써 전기를 생산한다. 생활폐수를 정화시켜서 환경을 개선시키는 동시에 전기를 얻을 수 있다는 일석이조의 효과가 있다.

전극에 붙어 있는 전기를 만드는 미생물(전자현미경 사진)(출처: 고려대학교 김병홍 교수)

초기 연구 과정에서 미생물을 이용한 전기 생산량은 입방미터(m^2)에 40밀리와트 정도로 아주 미미했다. 그 후 거듭된 미생물학자들의 노력으로 현재는 90배 이상 증가한 3.6와트까지 생산할 수 있다. 물론 이 정도 수준으로는 경제적인 전기 생산에 턱없이 미치지 못한다. 적어도 입방센티미터(cm^2)당 와트 수준으로 전기를 생산하여야만 의미를 가질 수 있다.

2006년 《네이처Nature》에는 지오박터(Geobacter)라는 미생물에서 전자전달에 획기적인 나노 굵기의 아주 작은 미생물 전기선을 발견했다는 연구 결과가 보고되었다. 나노 굵기의 미생물 전기선을 전도체로 사용하면 획기적인 전기 생산도 가능할 것으로 예상된다. 뿐만 아니라 단독 미생물보다 여러 가지 미생물을 섞어 만든 미생물 전극은 여섯 배 이상의 전기를 생산할 수 있다고 보고되고 있다. 속속 개발되고 있는 신기술은 미생물을 이용한 무공해 녹색 전기의 실용화를 앞당길 수 있을 것이다.

미생물을 이용한 전기 생산과정을 미생물 연료전지(MFC: Microbial Fuel Cell)라고 부른다. 현재 미생물 연료전지로 야자열매 하나를 이용할 때 라디오를 50시간 정도 들을 수 있는 전기를 생산할 수 있다. 또한 바다 속이나 호수 밑에 가라앉아 있는 유기 침전 물질에 산소가 없이 자라는 유황미생물을 전극으로 사용하여 무인도의 등대나 호숫가 가로등을 밝히는 날도 멀지 않았을 것이다.

현재의 미생물 기술로는 1000세대 정도 사는 아파트에서 발생하는 생활폐수를 이용하여 60와트 정도의 전등을 켤 수 있는 미미한 전기를 생산할 수 있다. 하지만 폐기물질을 3분의 1 정도 줄일 수 있어서 폐수 처리라는 관점에서는 아주 유용한 기술이다. 미생물 유전체 해독을 통해 전기 생산 기전 및 회로를 완벽하게 파악하면 더 많은 전기 생산도 충분히 가능할 것이다.

　에너지 생산을 위한 또 한 가지 방법은 미생물이 선택적으로 우라늄이나 토륨 같은 희귀금속을 먹어서 농축할 수 있는 능력을 활용하는 것이다. 이런 기술은 경제적 가치가 없는 저 품위의 광석에서 손쉽게 전기에너지를 만드는 자원을 확보할 수 있게 할 것이다. 미생물을 이용한 전기 생산은 아직은 기초적이고 미미한 단계이다. 그러나 계속되는 미생물 유전체 기술의 개발과 획기적으로 발전하는 물리, 화학, 나노, 전자 등의 기술이 접목된다면 미생물이 만드는 녹색 전기로 시원한 에어컨을 켜는 날도 멀지 않을 것이다.

미생물이 스키장의 눈을 만든다

스키장에 가면 맑고 기온이 높은 겨울날에도 인공적으로 눈을 만들어 뿌려주는 것을 흔히 볼 수 있다. 과연 인공 눈은 어떻게 만드는 것일까? 가장 간단한 방법은 냉동고에서 대량으로 만든 얼음을 잘게 부수어 눈을 만드는 것이다. 그러나 이런 방법으로 광활한 스키장을 눈으로 덮기 위해서는 엄청난 돈이 필요하다. 의외로 생각되겠지만 아주 값싸고 쉽게 눈을 만들기 위해서는 미생물이 이용되고 있다. 즉 슈도모나스(*Pseudomonas*)라는 미생물의 껍질에 있는 단백질이 얼음을 만드는 아주 작은 입자인 핵으로 작용한다는 사실을 이용한 것이다.

흔히 물이 어는 온도를 0도로 알고 있지만 실제로 얼음을 만드는 핵이 없는 순수한 물은 영하 39도 이하에서 얼기 시작한다. 기온이 영하로 내려가도 쉽게 얼음이 얼지 않는 것은 이런 현상 때문이다. 보통 영하 5도 정도의 온도에서 물이 어는 것은 얼음을 만드는 데 필요한 핵 역할을 하는 불순물이 있기 때문이다. 이러한 불순물 대신에 미생물 얼음 핵을 물에 넣어주면 영하 2도 정도에서도 쉽게 물을 얼릴 수 있다. 미생물 얼음 핵을 이용하여 3도 이상의 높은 온도에서 얼음을 만들 수 있다는 것은 아주 경제적인 방법이다. 일반적으로 3도 정도의 온도는 피부로 느끼기에는 큰 의미가 없어 보일지 모르지만 아주 많은 양의 물을 얼음으로 만들 때는 어마어마한 에너지를 절약할 수 있다.

이 미생물 얼음 핵은 가을에 서리가 내려 농작물이 냉해를 입는 원인을 찾다가 우연히 발견하였다. 영하 5도까지는 얼음이 얼지 않기 때문에 식물체는 냉해로부터 피해를 입지 않아야 한다. 그런데 영하 2, 3도 정도의 비교적 높은 온도에서 식물체에 얼음이 생겨 동상으로 인한 피해가 생기는 것이었다. 왜 이 정도의 온도에서 식물의 잎에 얼음이 생기는지를 과학자들은 처음에 알지 못했다.

연구 결과 식물체에 얼음을 만드는 주범은 영양분이 별로 없는 식물잎에서도 잘 자라는 슈도모나스란 미생물이었다. 슈도모나스의 표면에 있는 단백질이 얼음을 쉽게 만드는 데 필요한 얼음 핵을 제공하여 비교적 높은 온도에서도 식물체에 얼음을 만든 것이다. 현재는 슈도모나스의 얼음 핵단백질 유전자 순서를 밝혀서 유전자 재조합 미생물로 값싸게 많은 양을 생산할 수 있게 되었다. 열대지방에도 실내스키장이 생길 수 있는 것은 이런 미생물 유전자 재조합기술 덕분이다.

다른 한편으로는 식물체의 냉해를 막기 위한 연구도 계속되었다. 그 결과 미생물 유전자 조작을 통해 얼음 핵단백질을 없애버린 새로운 미생

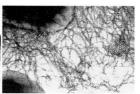

스키장 풍경과 눈을 만드는 데 사용되는 슈도모나스(오른쪽)

물을 만드는 데 성공하였다. 이 새로운 미생물을 식물체에 뿌렸더니 영하 10도에서도 얼음이 생기지 않아 식물의 냉해를 막을 수 있었다. 새로운 재조합 미생물이 어떤 작용을 하기에 식물체의 냉해를 피할 수 있었을까? 해답은 얼음 핵이 없는 새로운 미생물이 원래 식물에 살던 얼음 핵을 가진 미생물과 경쟁하여 기존의 얼음 핵 미생물을 살 수 없게 만든 것이다. 결과적으로 식물체에 얼음 핵이 없는 미생물만 살아서 얼음을 만들지 못하게 함으로써 냉해를 입지 않은 것이다.

눈을 내리게 하는 강설 이외에 비를 인공적으로 내리게 하기 위해서도 미생물 얼음 핵단백질을 사용한다. 또한 얼음을 쉽게 만들 수 있다는 것은 얼음과자를 비롯한 냉동관련 제품을 값싸고 안전하게 만들 수 있다는 장점이 있다. 다만 이렇게 되려면 미생물 껍질의 얼음 핵단백질을 짧은 시간에 아주 값싸고 대량으로 생산할 수 있어야 한다.

과연 눈에 보이지 않는 미생물이 이런 일을 할 수 있을 것인가에 의문이 생길 수도 있다. 하지만 잊지 말아야 할 것은 미생물의 힘은 천문학적인 숫자에 있다는 점이다. 미생물은 아주 많은 숫자가 동시에 일하기 때문에 아무리 많은 일도 짧은 시간에 할 수 있다는 강점이 있다.

흔히 미생물은 아주 작기 때문에 미생물 관련 공장도 작을 것이라고 생각할 수 있다. 그러나 우리나라만 해도 아파트 10층 높이의 미생물 배양기 여러 대로 미생물 제품을 생산하는 공장이 있다. 겨울철에 신나게 스키를 즐기면서 인공 눈을 만들어 내는 미생물을 한 번쯤 생각하는 계기가 된다면 미생물학자에게는 큰 보람이 될 것이다.

노다지를 캐는 미생물

서부영화에서는 개울에서 간단한 선광 냄비로 노다지를 캐는 장면을 자주 보게 된다. 그런데 과연 금을 얻기가 그렇게 쉬운 것인가? 실제로 0.5 그램의 금을 얻기 위해서는 수 톤의 돌이나 모래를 헤집어야 한다. 그렇다면 만능 해결사인 미생물을 이용하여 쉽게 금을 캐는 방법은 없을까? 미생물을 이용하여 금, 은, 구리와 같은 금속을 얻는 방법을 미생물 광업이라 한다.

실제로 로마시대에는 미생물을 이용해서 자연적으로 용해된 은, 구리, 철을 채취해 왔다. 함량이 낮은 구리 원광을 곱게 부수어 묽은 황산을 뿌리고 여기에 티오바실루스(*Thiobacillus*)란 세균을 뿌려준다. 황산이 미생물의 생육을 촉진시키면 미생물이 광석을 조금씩 갉아 먹으면서 황을 산화시키고 구리를 용해시킨다. 이렇게 용해된 구리는 간단히 씻어서 회수된다. 현재 전 세계 구리의 4분의 1이 미생물 광업으로 생산되고 있다.

금 원광은 반응성이 큰 시안화물로 녹인 후 숯과 같은 활성탄에 흡착시켜 얻는다. 용해된 금은 원광에 포함된 탄소 때문에 흡착이 잘 안 되어 회수가 불가능한 경우가 많다. 이때는 아주 높은 온도에서 태우거나 화학적 처리로 금을 회수한다. 하지만 처리비용이 비싸기 때문에 원광의 금 함량이 높은 경우에만 경제적으로 타산이 맞다.

그런데 미생물 가운데에는 시안화물을 생산하거나 금을 흡수하는 종이 존재한다. 가치가 낮은 저 품위의 원광을 잘게 부숴 시안화물을 생산하는 미생물로 금을 녹여내고 다시 금을 흡수하는 미생물 뱃속에 가득 금을 채운다. 금을 먹은 이 미생물을 건조한 후 태우면 순수한 금을 얻을 수 있게 되는 것이다. 이러한 미생물 금 채광 기술은 시안화물에 의한 환경오염과 원광에 있는 탄소로 인한 회수 어려움을 동시에 해결할 수 있는 뛰어난 방법이다. 이 방법으로 원광 1톤당 200그램의 미생물을 얻고 이를 태우면 4그램의 금을 얻을 수 있다.

미생물 광업의 가장 큰 문제점은 구리를 만드는 티오바실루스의 경우 자라는 속도가 느리다는 데 있다. 보통 세균이 두 배로 불어나는 데 20분이 걸리는 데 비해 티오바실루스는 10시간이나 걸린다. 따라서 대규모 미생물 광업을 하기 위해서는 성장속도가 빠른 미생물의 개발이 필수적이다. 그러나 여기에도 기술적인 어려움이 따른다. 빨리 자라는 미생물을 만들려면 세포에 구멍을 내서 빨리 자라게 하는 신규 유전자를 주입하는 조작이 필요하다. 그런데 불행하게도 티오바실루스는 구멍을 만들

 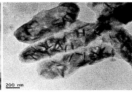

미생물을 이용해서 금을 모으는 사진과 미생물 체내에 금속이 모이는 전자현미경 사진(출처: 광주 과기원 허호길 교수)

면 나중에 메꿀 수가 없어서 결국은 죽게 된다.

이렇듯 미생물 광업은 여전히 많은 기술적 어려움을 가지고 있다. 현재 금을 캐는 연구는 시안화물을 많이 생산하는 미생물과 금을 많이 흡수할 수 있는 미생물을 따로 개발하고 있는데, 미생물 광업은 1996년 영국 콘월에 과학자들이 모여서 광업용 미생물의 미래에 대한 의견을 나누면서 다시 각광을 받게 되었다. 최근에는 슈와넬라, 지오박터와 같은 미생물로 코발트 우라늄과 토륨처럼 금보다 훨씬 부가가치가 높은 금속을 회수하는 기술이 개발되고 있다. 우라늄과 토륨은 핵 원자로에 사용하여 전기를 생산할 수 있는 유용한 금속이다.

우리나라에서는 흔히 학교 실험실에서 사용하는 황화철 수화물을 물에 녹인 후 미생물에 먹여서 자성을 띠는 30나노 크기의 자석 극소입자를 만드는 기술이 성공하였다. 이러한 연구의 산업적 용도는 무한할 것으로 기대된다. 학자들은 이제 금보다 더 값어치 있는 원소를 미생물로부터 얻고자 한다. 미생물은 금뿐만 아니라 새로운 기능을 갖는 꿈의 소재인 제5의 원소 창출도 가능하게 할 것이다. 하지만 엘도라도의 꿈을 이루려면 아직도 가야 할 길이 멀다.

미생물이 해충을 죽인다

펄 벅(Pearl C. Buck)의 소설 《대지》를 영화화한 한 장면에서는 하늘을 까맣게 뒤덮은 메뚜기 떼가 농작물을 먹어 치워 땅위에 아무것도 남지 않은 무시무시한 순간이 화면을 가득 메운다. 해충의 무서움을 실감하게 되는 장면이다. 무시무시한 메뚜기 떼는 분명 농작물을 해치는 나쁜 곤충이다. 여름밤 우리를 괴롭히고 뇌염을 옮기는 모기, 음식물 여기저기를 날아다니며 병원성 미생물을 옮기는 파리, 배추 잎을 먹어치우는 배추흰나비, 산에서 소나무 잎을 먹어치워 죽게 하는 송충이 등은 인간을 해치는 곤충, 즉 해충이다. 이러한 해충을 죽이기 위해서는 화학농약을 사용하는데, 화학농약은 해충을 죽일 뿐만 아니라 자연 생태계를 파괴하여 오히려 인류에게 큰 재앙을 불러올 수도 있다.

화학농약에 의한 환경파괴를 막으면서도 해충을 방제하는 전통적인 방법으로 천적을 이용한 생물학적인 조절방법이 있다. 하지만 천적을 이용한 방제는 온실과 같이 제한된 공간에서는 가능하지만 산림이나 아주 큰 농장과 같이 대량으로 해충을 처리해야 하는 곳에서는 어려워 미생물을 이용하는 방법이 많이 연구되고 있다. 미생물을 이용해 해충이나 식물의 병원 미생물을 박멸 또는 방제하는 것을 미생물 농약이라 표현한다. 미생물을 농약으로 사용하면 화학약품과 달리 잔류성이 없을 뿐만 아니라, 없애고자 하는 해충만을 선택적으로 죽이기 때문에 환경오염과 파괴가 전혀 없다는 장점이 있다.

미생물 농약의 가장 대표적인 균주가 바실루스 서렌지엔시스(BT: *Bacillus thuringiensis*)인데, 이 미생물은 아래의 왼쪽 사진과 같은 결정형으로 세포 내에 BT 독소를 생산한다. 이 독소가 알칼리성인 곤충의 소화기 중장에서 녹아 흡수되면 오른쪽 그림과 같이 해충이 죽게 된다. 해충의 중장에는 독소와 결합이 가능한 수용체가 있는 반면, 사람이나 동식물에게는 이런 수용체가 없기 때문에 독소로 작용하지 못한다. 뿐만 아니라 특히 사람의 위에서는 염산이 분비되어 강한 산성을 나타내므로 독소가 위에 도착하더라도 대부분 파괴되어서 그 역할을 할 수 없다. BT가 만든 독소를 해충인 배추흰나비, 모기, 진딧물 등의 유충에 뿌려주면 유충이 죽는데, 미생물 자체인 BT를 사용하여도 같은 효과를 볼 수 있다. 미생물 BT를 배추에 뿌리면 배추흰나비 유충이 미생물 BT포자와 미생물 속 독소 결정체를 먹고 죽게 된다.

미생물 농약 중에는 BT와 같이 독소를 생산하여 해충을 죽이는 방식

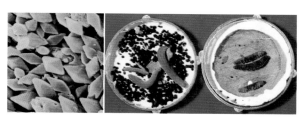

미생물(바실루스 서렌지엔시스) 독소 결정체와 해충이 미생물 농약에 의해 죽는 모습(출처: 한국생명공학연구원 박호용 박사)

이외에, 소나무를 해치는 솔잎혹파리 유충의 경우에는 백강균이란 곰팡이 계통의 미생물을 뿌려주기도 한다. 그렇게 되면 곰팡이가 해충의 유충에 기생하여 유충의 체액을 영양분으로 먹고 자라면서 유충을 죽게 한다.

현재 환경오염의 예방 차원에서도 화학농약에 비해 미생물 농약의 사용이 점차 증가하고 있고, 이미 700여 종 이상의 미생물 농약이 개발되어 세계적으로 사용되고 있다. 미생물 농약은 사용이 점차 확대되어 해충이나 병원성 미생물뿐만 아니라 여러 가지 다른 용도로도 사용되고 있다. 농사를 지을 때 잡초를 제거하기 위해서 화학용 제초제를 사용하는데, 제초제로 인한 환경오염과 인간과 가축의 피해는 심각한 지경이다. 근래에 제초제를 대신할 미생물 제초제 개발을 서두르는 가운데 선택적으로 일부 잡초만 죽이는 미생물 개발이 성공한 상태이다. 지구환경을 보전하면서도 질병이나 농작물 피해를 유발하는 해충을 선택적으로 죽이는 미생물을 이용한 자연 방제방법인 미생물 농약의 연구와 개발은 더욱 확대될 전망이다.

밥도둑 자반고등어 맛의 비밀

막 구워서 밥상에 올린 자반고등어는 입맛을 돋우어 밥도둑이라 불릴 정도로 맛이 뛰어나다. 자반고등어는 부패하기 쉬운 내장을 떼고 농도가 높은 소금물에 담갔다가 소금에 절여서 숙성시켜 만든 보존성이 아주 높은 식품이다. 구두쇠로 유명한 자린고비 이야기에는 소금으로 절여서 만든 굴비가 등장한다. 천장에 매달아 놓고 몇날 며칠을 먹지 않고 쳐다보기만 해도 괜찮을 정도로 굴비는 오랫동안 보존이 가능하다.

싱싱한 생고등어와 소금을 뿌려서 숙성시켜 만든 자반고등어의 맛에는 분명한 차이가 있다. 기호에 따라서 다르겠지만 분명히 자반고등어에서는 좀 더 독특한 맛을 느낄 수 있다.

그런데 단지 고등어에 소금을 뿌리는 것만으로 그런 맛이 생길까? 그렇지는 않다. 소금을 갓 뿌린 고등어와 소금을 뿌린 후 숙성시켜서 만든 자반고등어는 분명히 현저한 맛의 차이가 있다. 즉 숙성시킨 고등어가 더 감칠맛이 난다는 것을 알 수 있다. 그렇다면 김치를 담글 때 배추에 소금을 뿌리면 물이 빠져 나오는 탈수현상처럼 다만 고등어에서 물만 빠져나오면 자반고등어와 같은 맛을 내게 할 수 있을까? 이 또한 그렇지 않다.

결국 자반고등어의 맛 속에 숨은 비밀은 숙성되는 과정에서 고등어에 붙어 살아가는 미생물의 작용에 의한 것이다.

음식물을 조리할 때 좀 더 감칠맛을 내기 위해 사용하는 조미료는 아미노산의 일종인 글루탐산(Glutamic acid)이나 핵산을 이용해서 만드는데 주로 설탕을 만들고 남은 폐당밀에 미생물을 키워서 만든다. 조미료를 만드는 산업적 미생물은 코리네박테리움(Corynebacterium)이란 세균이다. 조미료는 설탕을 먹은 미생물의 생체 속에 존재하는 당분을 이용하기 위해 대사공정을 사용하는데, 결국 미생물이 가지는 다양한 화학공장들을 이용하여 설탕에서 최종적으로 맛난 맛 성분인 글루탐산을 만드는 것이다. 이렇듯 미생물은 음식물을 더욱 맛있게 하는 조미료의 원료도 만들고 있다.

신기하게도 잘 숙성되어 아주 맛이 있는 자반고등어 1그램에서는 조미료를 만드는 코리네박테리움이 무려 수천 마리 이상 발견되고 있다. 단지 고등어에 코리네박테리움만 접종시키면 고등어의 맛이 좋아질까? 물론 아니다. 고등어 내에서 코리네박테리움이 살아가는 환경에 따라 맛은 천차만별로 달라진다. 즉 고등어에 너무 많은 소금을 뿌리면 코리네박테리움은 살기가 힘들어지는 대신에 소금을 좋아하는 호염성 미생물

자반고등어와 코리네박테리움(오른쪽)

이 자라서 비린 맛과 같은 이상한 맛을 내기 때문에 자반고등어의 품질이 좋지 않게 된다.

반면에 소금을 너무 적게 뿌리면 초산과 같은 산을 만드는 미생물이 자라서 신맛을 내면서 맛이 상하게 된다. 그러므로 자반고등어를 잘 만드는 숙련된 사람들은 소금의 양을 매우 중요하게 여긴다. 이는 소금의 농도에 따라서 맛을 만드는 미생물의 종류가 달라지고, 그 결과 생성되는 맛도 확연히 달라진다는 과학적 근거에 의한 것이다.

한편 고등어에는 코리네박테리움이 잘 자라듯이 공기 중에 살아가는 독이나 병을 일으키는 미생물도 역시 잘 자랄 수 있다. 따라서 자반고등어가 오염되어 비위생적이지는 않을까 하는 걱정이 생길 수도 있다. 그런데 자반고등어를 먹어도 위생상 문제가 발생하지 않는 이유는 도대체 무엇일까? 여기에 대한 답도 역시 코리네박테리움에 있다. 연구 결과 코리네박테리움은 병원성이 있거나 독을 만드는 해로운 미생물의 생육을 억제하는 물질을 생산하는 것으로 밝혀졌다. 즉 자반고등어가 위생적으로 안전한 식품이 될 수 있는 것은 맛을 만드는 미생물에 그 비밀이 숨어 있었던 것이다.

일본에서도 우리나라 자반고등어와 같은 자반 갈고등어가 인기리에 팔리고 있다. 이 고등어는 소금 절임을 한 갈고등어를 자반 갈고등어를 만들었던 즙에 담가준 후 숙성한다. 처음에는 자반 갈고등어를 만든 즙을 다시 사용하는 것이 단지 소금이 귀하던 시절에 소금을 절약하기 위한 방법이었다고 생각했다. 그런데 최근 연구에서 반복하여 사용하는 즙을 분석해 본 결과 놀랍게도 아주 높은 농도의 코리네박테리움을 발견할 수 있었다. 즉 높은 농도의 코리네박테리움을 고등어에 접종하여 배양한 결과와 같다는 것을 알게 된 것이다. 더욱 놀라운 사실은 즙에 담갔던 고등어는 숙성되면서 전혀 부패하지 않았고, 심지어 자반고등어를 만드는 사람들이 손에 상처를 입더라도 곪지 않는다는 사실이었다. 코리네박테리움이 나쁜 병원균을 퇴치하는 항생제 같은 물질을 생산한 것이다.

우리나라에서는 영광 굴비, 안동 간고등어 등이 밥도둑으로 유명하다. 그런데 소금에 절이는 방식이나 숙성하는 방법은 경이롭게도 모두 맛난 맛을 만드는 미생물이 잘 자라는 환경조건으로 맞추어져 있을 뿐만 아니라 해로운 병원균의 침입을 막는 위생적이고 안전한 방법이었다. 자반고등어와 굴비는 우리 조상들이 오랜 경험을 통해서 만들어낸 놀라운 미생물 과학 지식의 활용인 셈이다. 특히 자반고등어와 굴비의 맛의 비밀과 식품으로서의 안정성이 미생물에 달려 있다는 것은 참으로 경이로운 일이다. 이처럼 우리 전통 발효 식품에는 놀라운 미생물의 힘이 숨어 있고, 이를 잘 이용하면 생활을 더욱 윤택하게 할 수 있을 것이다.

탄저병 미생물은 재앙을 부르는 테러리스트

2001년 9월 18일, 미국 세계무역센터 쌍둥이 빌딩과 국방부 청사에 가해진 끔찍한 테러와 더불어 전 인류를 두려움에 떨게 한 백색가루의 공포를 기억할 것이다. 우편으로 배달된 백색가루의 주역은 미생물인 바실루스 안트라시스(*Bacillus anthracis*)라고 불리는 탄저병(Anthrax)이었다. 탄저병은 구약성서에도 나타나는데, 기원전 1500년경 모세의 인도로 히브리인들이 이집트를 탈출할 때 이집트에 내려진 재앙 가운데, 모든 가축을 죽이는 악질이 발생하리라는 다섯번째 재앙(출애굽기 9장 1-7절)과 염증을 일으켜 곪아터지는 피부병 독종이 발생하리라는 여섯번째 재앙(출애굽기 9장 8-12절)이 바로 탄저병의 원인균이었다.

1600년경에는 유럽에 탄저병이 창궐하여 소 6만 마리가 죽을 정도로 피해가 컸지만 당시에는 그 원인이 무엇인지 알지 못했다. 그 후 200여 년이 지난 1876년에야 로베르트 코흐(Robert Koch)가 탄저 병원균인 바실루스 안트라시스를 발견했다. 독일과 일본은 제1, 2차 세계대전 중에 구약성서에 나오는 끔찍한 재앙을 연합국에게 초래하고자 탄저 병원균을 이용해 사람과 가축을 해칠 수 있는 생물무기를 개발하기도 하였다.

1943년에는 미국도 탄저병을 생물무기로 개발하기 위해 연구에 착수하였다. 1980년대에 중부 아프리카 내륙국인 짐바브웨에서는 사람에게 탄저병이 자연 발생하여 6000명 이상이 감염되었고 그 가운데 100여 명 이상이 사망하였다.

사람이 만든 탄저병에 의한 피해로는 1979년 러시아 군사시설에서 탄저병 포자가 우발적으로 살포되어 약 68명이 죽었다고 보고된 바 있다. 1995년 이라크가 농축 탄저균 8500리터를 생산했다고 공표하자, 1998년 이후 미국은 전 장병에게 탄저 백신 접종을 승인하였다.

2001년 9월 18일, 비행기 테러가 발생한 지 일주일 후에 탄저 포자를 담은 편지 한 통이 미국 NBC 방송국으로 배달되었다. 그 후 미국 전역에서 비슷한 사건이 잇달아 발생했는데, 플로리다에서는 탄저균을 흡입한 남자 한 명이 사망했다. 탄저병 미생물은 그람양성의 미생물 체내에 포자를 갖는 막대 모양의 세균이다. 감염 방법에 따라 접촉에 의한 피부탄저병, 오염된 음식물 섭취에 의한 위장관련 탄저병, 포자의 공기 중 흡입에 의한 흡입탄저병 등이 있는데 이중 흡입탄저병은 24~48시간 내에 항생제를 투입하지 않으면 95퍼센트 이상의 치사율을 보이는 무서운 병원균이다. 탄저병 포자가 폐로 들어간 후 증식하면서 미생물 독소를 생산하고, 이 독소에 의해 폐 조직이 출혈하고 파괴되어 사망에 이르게 된다.

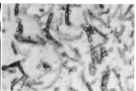

탄저병 원인 미생물의 혈액 배지 중 모습과 현미경 사진

탄저병을 예방할 수 있는 백신이 이미 1970년 미국 식약청의 승인을 받았기 때문에 탄저병을 막을 수는 있다. 그러나 사전 경고 없이 생물학전과 같은 테러가 일어난다면 무서운 결과를 낳을 수밖에 없다. 즉 무시무시한 흡입탄저병 포자가 예상치 않은 시점과 장소에 무작위로 살포된다면 구약성서에 나타난 것과 같은 엄청난 재앙이 닥칠 수도 있는 것이다.

한번 만들어진 탄저 병원균 포자의 생명력은 무서울 정도로 끈질기다. 폭탄이나 미사일 등에 실어서 터트려도 병원균의 생명력이 파괴되지 않아서 생물무기로서 인간과 가축에게 병을 일으켜 죽게 할 수 있다.

실제로 제2차 세계대전 중이던 1942년 영국은 스코틀랜드 해안의 그뤼나드 섬에서 탄저병 시험을 하였다. 세계대전이 끝난 후 탄저 병원균을 없애기 위해서 섬 전체를 불로 소각했지만 탄저병 포자는 그대로 살아 있었다. 결국 이 섬은 사람이 살지 않는 황무지로 변했다가 60여 년이지난 2000년 초에야 탄저병 미생물을 제거하는 기술이 개발되어서 탄저균 오염을 완전히 제거할 수 있었다. 미생물은 용암이 끓어 넘치는 화산지역에서도 생존 가능하기 때문에 그뤼나드 섬 전체를 불로 태운다고 해도 탄저병균을 한꺼번에 제거할 수 없었던 것이다.

미생물은 항생제를 만들거나 술을 만들 때처럼 유용하게 사용되는 예도 많지만, 탄저병처럼 전염병을 발생시켜서 재앙이 되기도 한다. 인간이 환경을 나쁘게 만들면, 미생물은 지구환경을 정화시키기 위한 활동을 시작한다. 예를 들면 미생물은 사람의 입장에서는 나쁘게 여겨지는 부패나 질병을 발생시켜서 지구환경을 나쁘게 하는 요인을 제거한다. 하지만 인간이 치명적인 탄저병 같은 병원성 미생물을 만들어 자연에 대량으로 살포하면 자연은 스스로 정화할 수 있는 능력을 상실하고, 결국 그뤼나드 섬과 같이 사람이 살 수 없는 땅이 되고 만다는 교훈을 잊어서는 안 될 것이다. 더욱이 최근의 과학은 사람이 유전체나 세포를 마음대로 바꿀 수 있을 정도로 발전했기 때문에 개발을 목적으로 연구하기 전에 탄저병 균의 예를 생각하면서 환경에 대해서도 신중한 접근을 해야 할 때이다.

미생물 바이오 기술은 손안의 떡

보기에는 먹음직스럽지만 실제로는 먹을 수 없다는 의미로 흔히 '그림의 떡'이라는 표현을 사용한다. 예를 들어 과학기술의 최첨단 분야 가운데서도 실용화하기에 너무 오랜 기간의 연구가 필요한 분야가 바로 그런 경우이다.

그런데 바이오기술 중 미생물 산업은 20~30분 이내에 두 개의 어른 생물로 자라는 미생물의 빠른 성장 속도와 같이 기초에서 실용화까지의 시간적 간격이 상대적으로 짧다. 이렇게 산업적으로 접근이 쉽고 경제적 이익이 크다는 의미에서 미생물 산업을 흔히 '손안의 떡'이라고 표현한다. 고도화되는 산업 사회에서 일자리를 찾지 못하는 청년들이 늘어 우리 사회를 어둡게 하고 있는데, 먹을거리 개발을 통해 일자리 창출이 가능한 오늘날 이 손안의 떡의 의미는 더 크다고 할 수 있다.

인간 유전체가 해석된 현대사회를 유전체 시대라 말한다. 유전체 크기 면에서 볼 때, 인간은 32억 염기쌍으로 천문학적 크기인 데 비해 미생물은 인간의 100분의 1에서 1000분의 1 크기에 불과하다. 미생물 유전체는 작은 만큼 쉽게 분석할 수도 있다. 유전체가 아주 큰 인간의 경우

약 2만5000개 정도의 유전자가 존재하는 데 비해 쉽게 분석되는 미생물은 수천 개 이상의 유전자가 존재하여 실제 유용성이 아주 높다. 즉 분석 비용에 비해 산업적으로 활용 가능한 물질의 수가 그만큼 많고 응용가치도 높다는 것이다.

유전체가 해석되었다고 해서 유전체의 기능을 모두 알고 바로 실용화할 수 있다는 것은 아니다. 먼저 유전체 내의 각각의 유전자들을 이미 기능이 밝혀진 유전자 서열과 구조를 비교하여 얼마나 서로 비슷한지를 조사한다. 비슷한 정도가 높은 유전자는 이미 알고 있는 유전자와 같은 기능을 할 것이라고 단지 추정할 뿐이다. 실험을 통해 추정된 유전자의 기능을 검증하고 나서야 비로소 실용적인 이용의 첫발을 내딛게 된다.

일반적으로 가장 잘 알려진 대장균, 요구르트나 김치를 만드는 유산균, 메주를 만드는 미생물의 유전체 중에서도 단지 절반 정도만의 유전자 기능이 밝혀져 있을 뿐이고, 전혀 기능이 알려지지 않은 것도 20퍼센트 이상을 차지하고 있다. 유전자의 기능이 밝혀진다면 새로운 소재와 공정을 개발할 수 있는 가능성이 높아진다. 실제로 우리나라에서도 미생물 유전체를 이용하여 원료에 비해 수천 배의 부가가치를 높인 물질을 생산한 예가 보고되고 있다.

사람들에게 알려진 조형화되어 있는 유전자 모양들

미생물은 가장 간단한 화학물질인 물, 탄소와 질소 원료로부터 생명체가 활동하는 복잡한 단백질 등과 같은 고분자 물질을 만들 수 있다. 결국 미생물 유전체는 생물체 내에서 화학물질을 만드는 공장 설계도인 셈이고, 아주 작은 미생물 속에는 수천 개의 화학공장이 있다는 이야기이다. 또한 유전체 정보는 미생물 내에서 금이나 다이아몬드가 묻힌 광산을 찾는 보물지도를 얻는 것과 같다. 특히 유전체 정보를 기본으로 하는 '-omics' 기술의 계통적 이해를 유도한 계통미생물학(System microbiology) 분야의 구축은 중요한 산업적 의미를 가진다. 미래를 예측하기 어려워 레드오션(Red ocean)으로 분류되는 전통 바이오산업에 유전체를 이용한 통합적 연구가 도입된다면 미래 경쟁력이 있는 블루오션(Blue ocean)으로 새 생명력을 불어넣을 수 있다. 아울러 유전체 정보를 기본으로 한 전자, 기계, 나노 등의 기술 융합은 신규 블루오션을 가능하게 하고 이를 통해서 새로운 산업을 창출할 수도 있다.

미생물로부터 중요 산업소재를 개발하는 지금까지의 방법은 일일이 미생물을 분리 배양한 후, 찾고자 하는 기능물질의 활성 유무를 하나씩 검증해 왔다. 이러한 전통적 방법으로는 시간이 많이 걸리고 산업 가치가 있는 물질을 찾기 어렵거나, 찾아도 유용성이 높지 않은 경우가 많았다. 하지만 현재는 컴퓨터를 이용해서 미생물 유전체 정보로부터 곧바로 조사할 수 있다. 즉 빠른 시간 내에 유용한 가능성 물질을 조사하고 바로 실험을 통해서 활성을 검증할 수 있는 효율성이 아주 높다는 이야기이다. 이미 산업적으로 이용하고 있는 미생물의 경우에도 유전체 해석을 통해 생산효율이 낮은 경로의 일부를 다른 미생물의 유전체에서 따와 교환함으로써 생산을 높이는 데 성공한 예가 발표되고 있다.

수은이나 납에서 금을 만들고자 했던 연금술사들의 노력은 결론적으로 실현이 불가능했다. 그러나 미생물 유전체 기술은 화학적으로는 어렵거나 불가능한 반응도 가능하게 하는 큰 힘을 가지고 있다. 이 기술은 현재의 과학으로도 풀지 못하는 환경과 에너지 난제를 풀어줄 뿐만 아니라 미래의 소재와 무공해 꿈의 공정이 개발 기반이 되어 인간의 삶의 질을 높일 것이다. 2007년 7월 현재 공식적으로 600여 개의 미생물 유전체가 해석 완료되었고, 2000개 이상의 미생물이 해석 진행 중이라고 보고되고 있다. 수많은 미생물 유전체가 해석되고 있는 이유는 그만큼 산업적 가치가 크기 때문이다. 미생물 유전체 연구는 실용화까지의 간격이 크지 않고 지도를 보고 보물을 찾아가는 확실한 연구이기 때문에 산업적 성공 확률이 아주 높다. 즉 먼 훗날에나 이용이 가능한 '그림의 떡'이 아니라 바로 이용이 가능한 '손안의 떡'이란 이야기다.

다만 손안의 떡일지라도 가치가 낮고 맛이 없는 개떡이 될지, 맛있고 영양가 높은 꿀떡이 될지는 무엇을 어떻게 개발하느냐가 관건이 될 것이다. 독창적인 꿀떡을 만들기 위해서는 우리들의 지극한 정성과 노력이 필요하다.

3.
미생물을 이용하는 생물들

버섯농사를 짓는 개미

사람이 눈에 보이지 않는 미생물을 키울 수 있게 된 것은 약 170여 년 전 파스퇴르의 노력에 의해서였다. 그렇다면 지구상에서 인간만이 미생물을 키울 수 있을까? 놀랍게도 개미는 5000만 년 전부터 곰팡이 계통의 미생물인 버섯을 키워서 단백질 식량으로 먹고 있었다. 사람들이 콩을 농사짓거나 버섯을 재배하여 단백질을 섭취하는 것과 비슷한 일이다. 지구상에는 대략 200여 종의 개미가 있는데, 그중 약 40여 종이 버섯농장을 체계적으로 운영하고 있다.

버섯농사를 가장 잘 하는 개미는 남미에 사는 잎꾼 개미(Attini ant)이다. 잎꾼 개미의 일개미는 네 등급으로 철저하게 분업하여 버섯을 재배한다. 우선 가장 큰 일개미가 밖에서 나뭇잎을 잘라 운반하면, 두번째 작은 일개미가 씹어서 나뭇잎을 분해하거나 잡균을 죽이는 물질이 들어 있는 개미 배설물과 반죽하여 종이를 만드는 펄프처럼 만든 다음 버섯을 키우는 방으로 옮긴다. 우리가 끓는 물로 병원균을 죽이거나 황을 태워서 독가스를 만들어 소독하는 원리와 같다.

세번째 다른 작은 일개미는 이미 자란 버섯을 조금씩 반죽된 나뭇잎에 옮겨 심는다. 마치 미생물학자가 새로운 배지에 미생물을 옮겨서 키우는 원리와 같다. 버섯을 접종한 후에는 네번째 가장 작은 일개미가 버섯농장을 청소하고 돌보면서 수확하는 실제적인 농사일을 담당한다. 이렇게 네 등급의 일개미는 철저한 분업으로 자기가 맡은 바를 충실히 하여 버섯을 재배한다.

그런데 개미는 버섯의 씨앗을 어떻게 얻을 수 있을까? 개미들은 새로운 여왕개미가 태어나서 독립적인 개미왕국을 건설할 때 먼저 살던 개미집의 버섯 씨앗인 버섯 포자를 입안의 조그만 주머니에 넣어 가져와서 새 버섯농장을 일군다.

비가 많이 오면 개미들의 버섯농장이 물에 잠기는 경우도 있다. 개미들은 물이 빠진 후에 버섯농장을 건조시키고 공기와 잘 접촉할 수 있게 버섯들을 일으켜 세운다. 장마가 와서 벼가 물에 잠기면 가을에 벼를 수확할 수 있게 농부가 일일이 벼를 세우는 원리와 같다. 때로는 농사를 지을 때 병충해가 발생하듯이 개미의 버섯농장에 버섯 병원균이 침범하는 경우도 있다. 이때는 일개미들이 일일이 병든 부위를 입으로 물어서 개미집 밖으로 버린다. 이것을 보면 개미들이 버섯과 병원균에 대한 정보를 확실히 파악하고 있다는 것을 알 수 있다.

만약 병원균에 아주 심하게 오염되어 버섯 재배가 곤란할 때는 어떻

개미들의 버섯농장 모습

게 할까? 개미들은 버섯농사를 포기하고 농장을 완전히 파괴한 후 새로운 버섯 종자를 구해 새로운 농장을 만든다. 경우에 따라서는 개미 종족끼리 전쟁이 일어나기도 하는데 전쟁에서 이긴 개미 종족은 사람들이 전리품을 챙기듯이 버섯농장을 접수하여 귀중한 버섯 종자를 얻는다.

오늘날 세계 각국은 농사의 원료가 되는 생물 종자를 지극히 중요하게 생각한다. 따라서 자기 나라의 생물 종자를 허가 없이 가지고 나가는 것을 법적으로 엄격히 금지하고 있다. 잘 알고 있듯이 흙이나 다른 천연물에는 미생물이 많이 존재하기 때문에 자기 나라의 흙을 반출하는 것도 철저히 금지시킨다. 개미들 역시 새로운 버섯 종자의 중요성을 알고 씨앗을 얻기 위해서는 전쟁도 불사하고 있다. 그런데 개미가 키우는 버섯을 사람들도 키울 수 있을까? 과학이 많이 발달되었다고 생각하지만, 개미가 버섯을 키우는 방법의 비밀은 아직도 밝혀지지 않았다. 만약 개미가 키우는 버섯을 사람이 키울 수 있다면 새로운 의약품이나 소재 등 우리에게 유익한 물질을 많이 얻을 수도 있을 것이다.

개미가 사용하는 무공해 미생물 농약

사람들이 농장에서 버섯을 재배하여 단백질을 섭취하듯이 개미도 농장에서 버섯을 키워 먹고 살아간다. 농작물을 재배하다가 병해충이 발생하면 농민들은 당연히 농약을 뿌려서 병해충을 제거함으로써 농작물의 생산량을 많게 한다. 하지만 식용버섯을 키울 때는 농약을 사용하기가 어려우므로 병해충의 오염을 막기 위해 각별한 노력을 하고 있다. 예를 들면 농가에서는 버섯 재배에 사용되는 모든 재료를 끓는 물에 살균하거나황 소독을 하여 미생물을 모두 죽인 후 양송이, 느타리, 팽이 등 원하는 버섯만을 접종하여 키워서 생산하고 있다. 버섯을 키우는 도중에도 공기중에 있을 수 있는 다른 미생물의 오염을 방지하기 위해 세심한 주의를기울인다. 개미들의 버섯농장에도 병해충이 많이 발생할 텐데 개미들은이를 어떻게 막고 있을까?

개미가 키우는 버섯농장에 병해충이 발생하면 많은 수의 개미가 병원균에 오염된 부분을 물어서 개미집 밖으로 갖다버린다. 이렇게 하면개미의 수가 워낙 많아서 더 이상 병원균이 퍼지지 않을 것으로 생각할수도 있다. 소규모로 병원균이 발생하면 이런 방법으로도 해결이 되지만, 병원성 미생물은 한번 퍼지기 시작하면 무서운 속도로 번져 나가기 때문에 개미 숫자가 아무리 많다고 해도 단지 밖으로 버려서는 병해충을 완전히 막기가 어렵다. 그렇다고 개미가 사람들처럼 끓는 물이나 화학약품을 사용해서 살균을 할 수는 없다.

지금까지는 다른 미생물의 오염을 막으면서 한 가지 종류의 버섯만을 키우는 개미의 배양기술을 과학적으로 설명할 수가 없었다. 그런데 최근 한 과학자가 개미의 몸을 자세히 조사하던 중에 발견한 놀라운 사실로 해답을 얻을 수 있었다. 아래의 사진을 보면 개미의 가슴과 몸통 부위에 흰색 덩어리가 균일하게 엉겨 있는 것을 볼 수 있다. 전자현미경으로 1만 배 이상 확대 관찰해 보니 방선균이라는 미생물 군락체가 그곳에 서식하고 있었다. 방선균에서는 경구제나 연고제 등의 치료약으로 쓰이는 스트렙토마이신(Streptomycin) 같은 항생물질들이 분비된다고 알려져 있다. 상처가 생기면 항생연고제를 바르듯이 개미들은 버섯농장에 병원균이 생기면 개미 몸체에 있는 방선균 연고를 문질러 병원균을 죽인 것이다.

사람들이 푸른곰팡이에서 최초의 항생제인 페니실린을 발견한 지는 겨우 80여 년도 되지 않은 일인데 개미는 몇만 년 전부터 이미 항생제를

개미의 몸체에 항생제를 생산하는 미생물을 키우는 모습: 개미 몸통에 있는 미생물 군락(왼쪽), 미생물 군락 확대사진(가운데), 미생물의 확대사진(오른쪽)

사용하고 있었던 것이다. 더욱 놀라운 사실은 항상 같은 항생제 생산 미생물을 사용한 것이 아니고 때로는 새로 선발하여 사용한다는 점이다.

항생제를 계속 사용하면 내성을 가진 병원성 미생물이 발생한다는 것이 오늘날 인류의 가장 큰 고민 가운데 하나다. 마찬가지로 버섯 병원균도 개미가 사용하는 항생제에 내성이 생긴다. 그러면 개미는 내성을 극복한 병원균을 죽이도록 새로운 항생제를 만드는 미생물을 선발하여 사용한다. 도대체 개미가 어떻게 새로운 균주를 선발하는 것인지는 아직도 밝혀지지 않은 놀라운 미스터리다.

사람들은 농작물을 병해충으로부터 보호하기 위해 농약을 사용한다. 그리고 이런 농약은 환경파괴와 심각한 오염을 야기한다. 반면에 개미가 사용하는 미생물 항생제는 환경을 전혀 오염시키지 않는다. 개미에게 배워야 할 중요한 교훈이다. 개미가 사용하는 미생물 항생제에 대해서는 아직 잘 알려져 있지 않지만 앞으로 좀 더 세심한 연구가 진행된다면 사람들에게 유용한 새로운 항생제를 얻을 수 있을 뿐만 아니라 농약을 사용하지 않는 새로운 경작방법도 가능할 것이다.

오늘날 인류를 위협하는 조류독감, 사스, 광우병을 극복하는 실마리를 우리가 아직 찾지 못한 개미의 방선균 같은 새로운 미생물에서 발견할 수도 있지 않을까? 또한 병원균의 항생제 내성이라는 심각한 큰 숙제의 답도 개미가 키우는 버섯과 버섯 병원균 두 가지 미생물의 상관관계에서 얻을 수는 없을까? 대수롭지 않은 생물이라고 생각해 왔던 개미들이 인간보다 훨씬 오래전부터 미생물을 식량과 의약품으로 이용해 왔다는 사실은 주목해야 할 점이다. 개미만이 아니라 지구상의 생명체들을 좀 더 자세히 관찰한다면 오늘날 우리가 살아가는 데 도움이 되는 좋은 지혜를 얻을 수 있을 것이다.

젖소도 미생물 고기를 먹고 우유를 만든다

동물들은 가지고 있는 위(밥통)의 수에 따라 사람이나 개, 고양이 등과 같이 위가 하나인 단위동물과 소, 양, 염소와 같이 위가 네 개인 반추동물(되새김 동물)로 나눌 수 있다. 우유나 고기를 생산하는 젖소, 고기소는 반추동물에 속하는데, 풀이나 건초만 먹고도 충분히 건강하게 자라서 몸무게가 커진다. 젖소 같은 반추동물들은 어떻게 단백질 자원인 육류를 먹지 않고도 잘 성장하여 우유를 생산할 수 있는 것일까?

이미 언급한 것처럼 반추동물들은 네 개의 위를 가지고 있다. 그 가운데 첫번째 위로 반추위(Rumen)라는 특수한 밥통[胃]을 갖고 있는데, 이 반추위에는 산소가 없는 데서 자라는 수십억 마리의 반추위 미생물들이 살아가고 있다. 이 반추위 미생물들이 사람과 같은 단위동물들은 도저히 분해하여 영양원으로 사용할 수 없는 풀이나 건초에 있는 섬유소(Cellulose)를 분해하여 영양원으로 만들기 때문에 살아갈 수가 있는 것이다. 그런데 섬유소를 분해한다고 해도 최종적으로 얻을 수 있는 것은 포도당인 탄수화물일 뿐 단백질은 아니다.

젖소의 몸무게를 불리려면 신체 단백질을 만들어야 하고, 이때는 반드시 질소가 필요한데 이 질소원은 도대체 어떻게 얻을 수 있을까? 젖소의 반추위 내에는 세균, 곰팡이, 아메바, 그리고 짚신벌레 같은 원생생물 등 상당히 많은 종류의 미생물이 함께 살아가고 있다. 이 다양한 미생물들은 지구상에 생존하는 다른 생물들과 마찬가지로 먹고 먹히는 먹이사슬을 가지며 살아간다. 즉 섬유소를 분해하여 자란 세균을 아메바나 짚신벌레가 먹이로 이용하며 최종적으로는 크기가 큰 원생동물이 남는다.

젖소는 아메바와 짚신벌레처럼 미생물 가운데 덩치가 큰 원생동물을 단백질 자원, 즉 질소원으로 섭취하고 있다. 이렇게 소와 양 같은 반추동물은 자기 뱃속에서 미생물이라는 고기를 키워서 먹고 있는 셈이다. 만약 젖소나 고기소에게 반추위 미생물이 없었다면 지구상에서 젖소와 고기소를 볼 수 없었을 것이고, 우유와 쇠고기 맛도 보지 못했을지 모른다. 그러므로 어떤 의미에서는 반추위 속의 미생물들이 쇠고기나 우유를 생산하는 데 중요한 역할을 한다고 말할 수 있다.

반추위 내에는 수십억 마리의 미생물들이 섭취한 섬유소를 분해하는 등 소화를 도우면서 먹이사슬을 가지고 공생하고 있는데 이들은 어떤 모양으로 살고 있을까? 아래의 사진을 보면 가장 큰 미생물이 원생동물이고, 원생동물 옆에 올챙이처럼 붙어 있는 것이 곰팡이 포자가 커 나가고 있는 모습이다. 그리고 원생동물의 밑면에 아주 작은 막대 모양으로 붙

반추동물에 서식하는 미생물 고기(원생동물, 곰팡이, 세균)의 모양

어 있는 것이 세균이다. 원생동물의 모양은 통닭이나 햄 덩어리 같아서 소, 양, 염소가 통닭과 비슷한 모양의 고기를 먹는다고 쉽게 상상할 수 있다.

반추위는 산소가 없거나 희박한 상태인데 이런 조건에서 사는 미생물을 혐기성 미생물이라고 부른다. 반추위 내의 혐기성 미생물 가운데 일부는 조금이라도 산소가 있으면 전혀 살아갈 수 없는 경우도 있다. 따라서 반추위 미생물을 연구하기 위해서는 산소가 없는 상태에서 미생물을 키울 수 있는 방법이 필요하다. 이 반추위 내에 사는 대부분의 혐기성 미생물들은 섭취한 풀의 섬유소 성분을 분해하여 당분으로 만들어서 자기가 생육하는 데 필요한 에너지로 사용하며 증식한다. 퇴비를 만들 목적으로 풀이나 짚과 같은 섬유소를 가축의 분뇨와 섞어놓으면 혐기성 미생물들이 섬유소를 분해하여 검은색 흙과 같은 퇴비를 만드는 원리와 같다.

미생물들은 섬유소로 만든 당분을 분해하여 초산(Acetic acid), 프로피온산(Propionic acid), 젖산(Lactic acid), 부티르산(Butyric acid) 등의 저분자 지방산들과 알코올, 수소 및 이산화탄소를 중간산물로 생산한다. 이런 중간산물 중 저분자 지방산은 바로 흡수되어 소나 양의 체내에서 지방을 합성하는 재료로 사용된다. 젖소의 경우에는 이런 저분자 지방산이 우유 중 지방함량을 높이는 데 중요한 역할을 하고 있다. 이 저분자 지방산이 수소 및 이산화탄소를 만나 아주 작은 양의 산소에도 생육할 수 없는 완전 혐기성 미생물인 메탄가스 생산 미생물이 자라면서 메탄가스를 생산한다. 실제로 퇴비에서 메탄가스를 생산하는 방법도 동일한 원리를 사용한다.

이렇듯 반추동물의 첫번째 위인 반추위에서는 수십억 마리의 다양한 미생물이 공생하면서 쇠고기나 우유 생산에도 중요한 일익을 담당하고 있다. 하지만 반추위 미생물들의 종류나 기능은 아직까지도 과학적으로 완전히 밝혀지지 않은 미개척 분야이다. 풀을 먹고 사는 소와 양 같은 반추동물이 단백질을 합성하여 먹는 공장을 자기 몸속에 가지고 있다는 사실은 참으로 놀라운 일이다. 더욱이 그 공장의 가장 성실한 일꾼이 미생물이라는 사실은 더욱 놀랍지 않을 수 없다.

많은 학자들이 석유자원이 고갈되면 무엇으로 에너지를 만들 수 있을 것인지를 고민하고 있다. 그 가운데 지구상에 지천으로 깔린 풀이나 나무를 이용한 에너지 자원으로 여러 가지 알코올류와 화학물질들을 만드는 바이오 정유산업(Biorefinery)이 현재 각광을 받고 있다. 바이오 정유산업도 반추동물의 위에 사는 미생물에서 보다 많은 정보를 얻을 수 있을 것으로 기대한다.

공룡의 알을 부화시키는 미생물

공룡도 파충류이기 때문에 알을 낳는다. 공룡이 가장 많이 살았던 2억 5000만 년에서 6500만 년 전의 중생대는 기온이 습하고 따뜻했다. 오늘날 열대지방에 사는 새들도 알을 품어서 부화시키듯이 알을 부화시키는 데는 보온이 필요하다. 하지만 공룡의 경우에는 거대한 체중 때문에 알을 품기가 어려웠을 것이다.

그렇다면 공룡은 어떻게 알을 부화시켜서 번식했을까? 부화의 비밀을 알기 위해서는 먼저 공룡 알의 크기를 알아야 한다. 공룡 알 가운데 작은 것은 테니스공만한 것도 있지만 큰 것은 긴 축이 52센티미터나 되는 타원형도 있는 것으로 알려지고 있다. 만약에 공룡이 알을 품어서 부화한다면 무려 수 톤에서 수십 톤에 이르는 어마어마한 공룡의 체중에 눌려서 알이 깨지고 말 것이다.

물론 모든 공룡의 무게가 엄청나게 무거웠던 것은 아니다. 1861년 남독일에서 발견된 콤프소그나투스(*Compsognathus*)는 몸길이 약 60센티미터, 몸무게 3킬로그램 정도로 약간 큰 닭만한 크기였다. 이렇게 작은 공룡은 알을 품어서 부화해도 문제가 없었겠지만 '좋은 엄마 도마뱀' 이란 명칭의 새끼를 돌보던 마이아사우라(*Maiasaura*)처럼 몸무게가 5톤이나 되는 초식공룡들은 어떻게 알을 부화했을까?

미국의 존 호너(John Honer) 박사는 지금까지 알려진 바와는 달리 마이아사우라 같은 공룡은 새끼를 돌보는 것으로 유명하다고 보고했다. 마이아사우라의 알둥지 화석을 자세히 살펴보면, 마이아사우라는 밑지름이 3미터, 윗지름이 2미터, 높이가 1.5미터 정도인 오목한 둥지에 알을 낳았는데 둥지 밑바닥과 알 위에 식물의 잎을 덮어주었다. 식물의 잎과 둥지를 만드는 흙을 섞어주는 것은 퇴비를 만들기 위해 두엄을 만들 때 볏짚이나 나뭇잎과 줄기를 고형의 가축 분뇨와 섞어주는 것과 같다.

흙속에 살고 있는 미생물의 작용으로 발효가 일어나면서 온도가 오르기 때문에 추운 겨울철에도 퇴비를 뒤집어보면 하얀 김이 올라오는 것을 볼 수 있을 정도이다. 이때 활동하는 미생물은 산소가 많지 않은 곳에서 자라는 혐기성 미생물인데, 이 미생물이 식물의 잎을 분해하여 영양원으로 이용하면서 열을 발생시킨다. 두엄은 온도가 70도까지도 올라가므로 충분히 공룡의 알을 부화시킬 수 있을 정도이다. 특히 공룡이 살았던 중생대에는 공기 중 산소 함량이 지금보다 적었기 때문에 산소를 싫어하는 퇴비 미생물에게 적당한 혐기적 상태를 더 잘 유지할 수 있었다. 즉 공룡의 알둥지는 퇴비를 만드는 것과 같은 원리로 미생물이 살기에 완벽한 조건이었다.

백악기 후반에 살았던 오로드로메우스(*Orodromeus*)는 2.5미터에 체중이 49킬로그램밖에 되지 않는 비교적 작은 공룡이었지만 역시 퇴비를 만드는 원리로 열을 발생시켜서 알을 부화하였다. 다음 사진에서 볼 수 있는 것처럼 경기도 화성시 시화호에서 발견된 알둥지는 부근에서 나무 화석이 함께 발견되는 것으로 보아 초식공룡의 알둥지일 가능성이 높다.

알둥지의 하단부에 식물 잎과 흙이 함께 섞여 있는 부위는 충분히 혐기성 미생물에 의해 발효하여 열을 발생시킬 수 있는 형태이다.

공룡 알둥지의 모양을 자세히 관찰하면 오늘날 미생물을 키우는 데 사용하는 삼각플라스크와 모양이 아주 유사하다. 특히 밑지름, 윗지름, 높이의 비율이 삼각 플라스크를 중간에 잘라 놓은 것과 아주 흡사한 구조를 지닌다. 이런 오목한 형태는 알둥지 내부에서 미생물에 의해 발생한 열이 외부로 쉽게 손실되는 것을 막아주었을 것이다.

마이아사우라나 오로드로메우스 같은 초식공룡 외에 육식공룡은 어떻게 알을 부화하였을까? 작은 육식공룡인 트로오돈(*Troodon*)은 몸무게가 약 23킬로그램밖에 안 되는 공룡으로 지능이 아주 높은 것으로 알려져 있는데, 이 공룡 역시 알을 품어서 키운 흔적을 화석에서 발견할 수 있었다.

그런데 공룡 알을 부화시킬 수 있을 만큼 큰 에너지를 만드는 미생물의 정체는 무엇일까? 해답은 산소가 적은 데서 자라는 혐기 미생물에서 찾을 수 있는데, 바로 오늘날 퇴비를 만드는 클로스트리듐(*Clostridium*)이라는 막대형 미생물이다. 실제로 식물체를 눌러두고 산소가 부족한 상태로 만들면 클로스트리듐이 식물체를 분해하여 열을 만들어준다. 첨단 과학인 계통분류학의 유전자 진화 자료를 분석하면, 공룡이 살던 시대에

경기도 화성시 시화호에서 발견된 공룡알 둥지(출처: 이융남 박사의 《공룡 이야기》)

클로스트리듐이 살았을 확률이 높고 생존조건도 적합하여 이러한 추정에 대한 가능성이 높다.

공룡이 알을 부화하기 위해서 사용하던 미생물은 오늘날 부족한 에너지를 만드는 데에도 필요하다. 땅속에서 파 올린 원유에서는 휘발유, 경유, 중유 등의 에너지와 여러 가지 화학물질을 뽑아낸다. 마찬가지로 미래 산업의 가장 중추가 될 바이오정유 산업에서는 미생물의 발효작용으로 지구상에서 가장 흔한 식물체를 통해 여러 가지 에너지와 화학물질 소재들을 만들어낸다. 이 바이오정유 산업의 주인공으로 클로스트리듐이 각광을 받고 있는 것이다.

식물과 미생물은 서로 도움을 주고받는다

산이나 들에서 자라는 나무들은 움직이지 않고도 혼자의 힘으로 어떻게 살아가고 있을까? 나무들은 잘 알려져 있듯이 뿌리에서 빨아올리는 물과 공기 중 이산화탄소를 원료로 하여 햇빛에너지로 광합성을 함으로써 성장한다. 이밖에도 식물이 성장하기 위해서는 질소 화합물인 단백질 등을 합성하여야 한다. 물과 이산화탄소에는 질소 성분이 없는데 식물들은 어떻게 질소 성분을 얻을 수 있을까? 뿌리를 통해서 흙 속의 질소 성분을 흡수할 수도 있겠지만, 질소 성분이 아주 희박한 지역에서는 어떻게 질소 성분을 얻을 수 있을까?

종류에 따라 다르지만 나무들은 대부분 뿌리 주변에 있는 미생물의 도움으로 공기 중 질소를 고정화하고 뿌리로 흡수하여 생활한다. 즉 미생물과 식물이 타협하여 공생 관계를 유지하고 있는 것이다. 공기 중 질소를 공급받는 대가로 나무들은 미생물이 잘 살아갈 수 있는 환경과 필요한 영양분을 공급한다. 나무와 미생물이 공생하는 대표적인 예로 오리나무와 보리수나무를 들 수 있다. 이 외에도 현재까지 220여 종의 나무가 미생물과 공생하고 있는 것으로 알려져 있다.

오리나무나 보리수나무에 공생하는 대표적인 미생물은 프랜키아(*Frankia*)로서 아래의 사진과 같은 형태를 하고 있다. 위쪽 사진의 왼쪽은 오리나무 뿌리에 붙어 있는 뿌리혹의 전체적인 모양과 이를 수직(가운데) 또는 수평(오른쪽)으로 절개했을 때의 모양을 나타내고, 아래쪽 사진은 현미경으로 확대했을 때 볼 수 있는 각각 한 개씩의 미생물 모양이다.

프랜키아라는 미생물은 식물의 종류에 따라서 각각 다른 종류의 특이한 미생물이 공생하고 있다. 즉 오리나무의 프랜키아와 보리수나무의 프랜키아는 서로 다른 종류로 알려져서 공생하는 식물의 종류에 따라 선택성이 있는 것으로 알려져 있다. 이런 종의 선택성은 상당히 재미있는 현상을 보여준다. 예를 들어 수백 년 동안 보리수나무가 자라지 않던 지역에 보리수나무 묘목을 심으면, 보리수나무와 연계된 프랜키아가 존재하지 않으리라고 생각되는데도 나중에는 프랜키아 미생물이 자라서 식물 뿌리에 뿌리혹을 만들게 된다. 이런 현상은 보리수나무의 프랜키아가 죽지 않고 흙 속에 살아 있다가 보리수나무를 심었을 때 비로소 활동을 시작하는 것으로 설명할 수 있지만, 수백 년 동안 프랜키아 미생물이 어떻

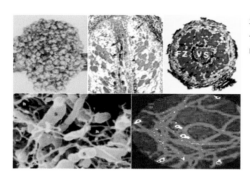

오리나무와 공생하는 프랜키아의 뿌리혹과 미생물 프랜키아의 전자현미경 사진(출처: 서울대학 안정선 교수)

게 죽지 않고 살아 있을 수 있는지에 대해서는 현대과학으로 설명하기가 어렵다.

또 한 가지 가능한 설은 보리수나무 자체에 특이한 프랜키아가 함께 잠복해 있다가 나무를 흙 속에 심으면, 그 미생물이 생육하여 식물과 공생한다고도 가정할 수 있다. 하지만 미생물이 존재하지 않는 무균 상태에서 보리수나무를 키운 후 흙에 심어도 동일한 프랜키아의 뿌리혹이 생기는 것으로 보아서 이 가정 또한 설명하기가 어렵다. 이런 현상을 과학적으로 규명할 수 있다면 우리가 모르는 여러 가지 생명현상을 이해하는 데 큰 도움이 될 것이다. 근래에는 프랜키아가 항생물질과 항암물질을 생산한다고 알려져서 유전체라는 보물지도 해석을 통한 연구가 활발히 이루어지고 있다.

콩과식물의 뿌리혹박테리아(*Rhizobium*)가 프랜키아와 비슷하게 콩과식물의 뿌리에 혹을 만들고 공생하면서 공기 중 질소를 고정하여 식물체의 성장을 돕는다는 것은 잘 알려져 있는 사실이다. 최근 연구에서는 콩과식물이나 나무 이외에도 식물의 성장을 돕는 미생물이 많이 발견되었다. 이를 식물 생장촉진 뿌리박테리아(PGPR: Plant Growth Promoting Rhizobacteria)라 명명하고 농업 생산성을 높이기 위해 많은 연구를 하고 있는데, 그 대표적인 미생물로 페니바실루스 폴리믹사(*Paenibacillus polymyxa*)를 들 수 있다. 이러한 미생물은 공기 중 질소 고정은 물론이고 식물 성장호르몬, 병해충 방제 항생제 등 식물에게 유익한 여러 가지 물질을 생산하여 식물의 성장을 돕는다.

하지만 프랜키아나 콩과식물의 뿌리혹박테리아와는 달리 식물체는 식물 생장촉진 뿌리박테리아가 없더라도 살아가는 데 큰 지장이 없다.

한편 오이로 실험을 했을 때 식물 생장촉진 뿌리박테리아는 성장뿐만 아니라 오이 모자이크 바이러스, 박테리아로 인한 고추풋마름병, 오이벌레 및 오이 탄저병 방지에도 효과가 있는 것으로 밝혀졌다. 또한 특이하게도 식물 생장촉진 뿌리박테리아를 오이 뿌리에 접종하면, 오이를 파먹는 벌레로 인한 병해충의 피해가 줄어든다는 놀라운 사실도 알게 되었다.

미생물 처리한 오이와 그렇지 않은 오이 사이에는 쿠쿠르비타신 (Cucurbitacin)이란 성분이 분명한 차이를 보인다. 이는 미생물에 의해서 식물인 오이의 생리가 영향을 받아 나타나는데, 싱싱한 오이를 먹을 때 나는 텁텁한 맛이 바로 쿠쿠르비타신이다. 이 쿠쿠르비타신은 미생물 처리한 오이에서는 적게 나타난다. 사람들은 이 텁텁한 맛을 별로 좋아하지 않는 반면 벌레들은 이 맛이 있어야만 오이에 접근했다. 따라서 텁텁한 맛이 적은 미생물을 처리하여 키운 오이는 사람의 기호에는 맞고 해충 피해로부터는 안전하다는 것을 밝힌 것이다.

미생물에 비해 식물 유전체가 아직까지 많이 밝혀지지 않아서 미생물과 식물의 관계에 대한 연구에는 한계가 있다. 그러나 조만간 식물 유전

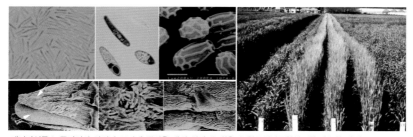

페니바실루스 폴리믹사 사진과 보리에 뿌렸을 때의 성장 효과(출처: 한국생명공학연구원 박승환 박사)

체의 대량 분석이 가능해지면 급격히 발전할 수도 있는 흥미로운 분야이다. 이러한 연구는 농산물 생산에서 가장 많은 문제가 되는 잔류농약 문제를 해결하여 건전하고 안전한 먹을거리를 우리에게 제공해 줄 것이다. 봄철이면 중국에서 불어오는 황사 때문에 많은 고통을 받는데, 만약 중국 서쪽 사막지역에 식물이 자랄 수 있다면 아예 황사가 발생하지 않을 수도 있다. 식물과 미생물에 대한 이해가 확대되어 사막지대 같은 환경에서도 미생물이 개척자로 진입한다면 얼마든지 식물이 자랄 수도 있게 될 것이다. 그렇게 될 수만 있다면 중국에서 불어오는 황사를 더이상 염려하지 않아도 될 뿐더러 더 많은 농산물을 생산할 수 있으므로 모든 인류가 배고픔에서도 해방될 수 있을 것이다.

빨대로 파리의 즙액을 빨아먹는 거미

들판을 거닐다보면 거미줄에서 호시탐탐 벌레가 걸려들기를 기다리는 거미를 종종 본다. 파리라도 한 마리 날아와 거미줄에 걸리면 거미는 재빨리 내려와 거미줄로 똘똘 말아버린다. 그런데 거미는 잡은 파리를 어떻게 먹을까? 파리가 죽으면 조금씩 집어서 씹어먹을 수도 있을 것이다. 하지만 거미줄의 밑바닥을 자세히 살펴보면 파리나 곤충의 껍질이 버려져 있는 것을 많이 볼 수 있다. 거미가 씹어서 먹는다면 이런 곤충 껍질이 남아 있을 리가 없다. 그렇다면 거미는 먹이를 어떻게 먹는 것일까?

파리를 잡아서 거미줄로 똘똘 말아놓은 거미는 자기 뱃속에 있는 미생물을 집어넣어서 접종시킨다. 그러면 미생물은 껍질만 남기고 파리를 모두 분해하여 액체로 만들어버린다. 거미는 빨대를 넣어서 충분히 분해된 즙액을 빨아먹은 다음 거미줄은 회수하고 먹을 수 없는 곤충 껍질은 그냥 버리게 된다. 사람이 밥을 먹으면 이빨로 씹어서 음식물을 잘게 부순 후 위와 장에 있는 소화효소로 분해하여 분해된 영양분만을 창자에서 흡수하여 먹는 것과 비슷하다. 거미가 뱃속에 키우고 있다가 사용하는 미생물은 결국 사람의 이빨이고 소화효소인 셈이다.

사람들도 거미와 비슷하게 식품에 물리적 힘을 가하여 완전히 즙액으로 만들어 먹기도 한다. 즉 건강을 위해서 흑염소 육골 즙이나 녹용을 즙액으로 만들어 먹고 있다. 사람들은 높은 온도와 압력에서 흑염소 고기를 녹여 즙액으로 만든 후 비닐로 만든 한약 파우치에 넣고 빨대로 빨아먹는다. 그런데 사람들이 높은 온도와 압력을 사용하는 데 비해 신기하게도 거미는 단지 일상 온도에서 미생물을 이용한다. 온도와 압력이 가해지면 영양 성분이 변성하여 손실이 생기지만 거미는 미생물을 이용하기 때문에 영양 손실도 아주 적다. 또한 사람은 즙액을 먹은 후에 한약 파우치를 버리는데 거미는 거미줄을 회수하여 다시 사용한다.

거미의 뱃속 미생물에 관심을 가진 우리나라 과학자가 세계 최초로 유용한 미생물을 분리하는 데 성공했다. 아래에는 무당거미의 뱃속에 사는 미생물의 전자현미경 사진이 있는데, 이 미생물을 단백질이 포함된 배지에 키우면 오른쪽 사진처럼 강력한 분해력을 나타내서 투명 환을 만든다. 거미의 뱃속에서 분리한 미생물에는 거미를 뜻하는 아라니콜라 프로테오리티쿠스(*Aranicola proteolyticus*)라는 이름이 붙었다.

그렇다면 거미만 미생물을 이용해서 음식물을 소화시키는가? 하수

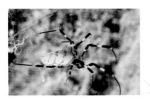

우리나라에 사는 무당거미와 거미 뱃속의 미생물(가운데), 그리고 미생물의 강력한 음식물 분해력(출처: 한국생명공학연구원 박호용 박사)

도 흙속이나 썩어가는 짚더미 속에서는 지렁이를 많이 발견할 수 있다. 이 지렁이도 자기 뱃속에 미생물을 키워서 미생물이 만들어내는 셀룰라아제(Cellulase) 분해효소로 짚과 같은 식물을 분해하여 영양원으로 사용한다. 지렁이는 뱃속 미생물의 분해 작용으로 영양분을 얻고 이용하지 못한 흙을 분변토로 배출해낸다. 분변토는 농촌에서 만든 퇴비보다 더 완벽하게 분해되어서 아주 좋은 식물의 비료로 사용된다.

현재 거미 뱃속의 미생물은 동물의 사료 첨가제, 화장품, 피혁 산업 등에 다양하게 이용되고 있다. 거미가 거미줄에 걸린 곤충 먹이를 분해하여 먹듯이 가축 사료에 거미 미생물이 만든 효소를 넣어주면 사료를 분해하여 소화율을 획기적으로 올려준다. 사람은 음식물을 익혀서 먹기 때문에 비교적 소화율이 높다. 하지만 가축에게는 익히지 않은 생 사료를 먹이기 때문에 소화율이 낮고, 소화되지 않은 사료는 그대로 배출되어 심각한 환경오염의 원인 가운데 하나로 작용한다. 결국 많은 우유와 고기 및 계란을 생산하기 위해서 과잉의 사료를 주고, 그 결과 환경오염은 더욱 심각해지고 있는 것이다.

거미 미생물의 효소는 익히지 않은 사료를 쉽게 분해하여 동물이 이용하기 쉽게 만들어 주기 때문에 사료를 과잉으로 먹일 필요도 줄어들고 환경오염원의 배출도 크게 줄일 수 있다. 또한 많은 양의 사료를 먹이지 않더라도 우유와 고기, 계란을 생산할 수 있어서 훨씬 경제적이다.

이처럼 자연을 자세히 관찰하고 곰곰이 조사하면 거미 뱃속에 사는 미생물과 같이 우리에게 아주 유익한 자원을 찾을 수 있다.

4.
신기한 행동을 하는 미생물들

미생물은 네 개의 얼굴을 가진 마술사

영국 소설가 로버트 루이스 스티븐슨(Robert Louis Stevenson)은 《지킬 박사와 하이드 씨》라는 괴기소설에서 동일한 사람이 지킬박사와 같은 선한 행동과 하이드 씨 같은 악한 행동을 하는 야누스적 행태에 대하여 쓰고 있다. 실제로 사람들은 살아가는 환경에 따라 선하고 나쁜 두 개의 얼굴을 가질 수가 있다.

그런데 미생물은 아주 작고 단순하기 때문에 단지 선하거나 악한 한 개의 얼굴만 가지고 살아가고 있을까? 흔히 미생물은 사람들에게 나쁜 이미지로만 더 많이 인식되고 있다. 그것은 아마도 미생물에 대한 애초의 연구가 사람에게 질병을 일으키는 병원성 미생물에 관한 것이었기 때문일 것이다. 실제로 미생물에 대한 최초의 연구는 병을 치료하려는 목적으로 시작되었다. 그렇기 때문에 미생물을 잘 모르는 학생들에게 미생물이 무엇인가를 질문하면 대장균, 장티푸스균, 식중독균 같은 나쁜 병원균들만을 예로 들고 있다. 병원균 외에도 빵에 곰팡이가 슬어서 못 먹게 되거나 음식물을 썩게 하는 등 주로 나쁜 이미지만을 알고 있다. 즉 대부분의 사람들은 미생물을 나쁜 생물로 여기고 있는 것이다. 하지만 조금 더 자세히 미생물을 살펴보면, 우리가 즐겨 먹는 김치와 된장, 치즈뿐만 아니라 즐겨 마시는 포도주, 맥주, 유산균 음료도 미생물이 만들어주는 훌륭한 식품이다.

또한 20세기 초반에 플레밍이 페니실륨(Penicillium)이라는 푸른곰팡이 미생물에서 항생제 페니실린을 발견하여 수많은 사람들의 목숨을 건지게 한 것은 너무나 잘 알려진 사실이다. 페니실린을 발견한 이후 사람들을 두려움에 떨게 하던 수많은 질병의 치료약들이 미생물에서 발견되었다. 이렇게 볼 때 미생물도 확실히 좋고 나쁜 두 개의 얼굴을 가지고 있는 것이다.

미생물학자들은 미생물에 대해 사람처럼 선하고 악한 두 개의 얼굴에, 마술과도 같은 신기한 얼굴, 그리고 수억 년의 역사를 동시에 간직한 얼굴을 더 추가하여 네 개의 얼굴을 가진 생물이라고 말한다. 흔히 마술사들은 보통사람들이 도저히 흉내도 내기 힘든 묘기를 보여준다. 예를 들어 불을 삼키거나 유리를 먹어치우기도 하고, 아무것도 없던 빈손에서 아름다운 비둘기를 날려 보내기도 한다.

기네스북에 의하면 사람이 아무런 장비 없이 바닷속을 잠수할 수 있는 한계는 불과 73미터 정도에 불과하다. 만약 사람이 맨몸으로 100기압이나 되는 1000미터 바닷속에서 살 수 있다면 굉장한 마술 쇼가 될 것이다. 그런데 흔하게 볼 수 있는 미생물 가운데는 1000미터 정도 깊이의 바닷속에서도 별 탈 없이 살아가는 종류들이 있다.

한편 사람은 농약이나 플라스틱 조각을 먹으면 죽거나 크게 다치지만 놀랍게도 미생물은 잘 소화시켜서 태연하게 살아가는 기이한 마술도 보여준다. 텔레비전 쇼에서 마술사가 끓는 물속에 뛰어들었다가 아무런 상처도 입지 않고 태연하게 걸어나오는 마술을 보여줄 때는 반드시 따라하지 말라는 경고문을 함께 보여준다. 그런데 미생물 가운데서는 물이 끓는 온도보다 더 높은 100도 이상에서도 문제없이 살아가는 종류들이 속속 발견되고 있다. 도대체 그런 온도에서 어떻게 살 수 있을까? 미생물들은 분명히 우리가 상상할 수도 없는 신기하고 신비한 얼굴을 가지고 있다.

미생물이 수억 년 전 열악한 환경의 지구에서도 살아왔다는 것은 잘 알려진 이야기다. 부활초라는 식물은 50년 정도 건조한 상태에서 보관하다가도 물만 부어주면 다시 살아나는 특성을 가지고 있다. 50년 만에 생명체가 다시 살아난다는 것은 공상과학 소설을 보는 것처럼 경이로운 일이다. 몇십 년 또는 몇백 년이 지난 후에 식물의 생명력을 살려내는 일도 놀라운 경우지만, 미생물은 수백 만 년 전의 생명을 복원할 수 있다. 실제로 2500만 년 전에 만들어진 호박 속에 보관되고 있던 벌의 내장 속에서 바실루스라는 미생물을 살려내 키운 예가 있다.

끈질긴 미생물의 생명력은 현재의 미생물과 수만 년 전의 미생물이 동시에 살아갈 수 있게 해 준다. 미생물의 마지막 얼굴은 타임머신을 타

미생물이 살아가고 있는 극한 환경: 화산, 깊은 바닷속, 남북극

지 않고도 현재에서 바로 과거를 볼 수 있는 역사성이라는 특성을 가지고 있다. 지구상의 생명체 중 공룡 같은 고생대 생물은 현재 그 자취를 전혀 찾아볼 수가 없다. 이에 반해 공룡보다 훨씬 오래전에 살았던 고미생물인 아키아(*Archia*)는 현재도 여전히 지구 생물체의 가족으로 살아가고 있다.

　미생물이 가지고 있는 네 개의 얼굴, 즉 선하거나 나쁜 얼굴과 신기한 얼굴, 그리고 시간을 초월하여 시간의 흐름을 한군데 모은 역사성이라는 얼굴은 미생물을 이해하는 중요한 요인이 되고 있다. 단지 미생물을 좋거나 나쁜 생물로만 단정하는 것은 단순히 인간의 입장에서 보는 의미일 뿐이며 미생물 자체를 좋거나 나쁘다고 판단하기는 어려운 일이다. 미생물의 얼굴 가운데 나쁜 얼굴을 인간에게 돌린다면 질병과 같은 재해를 일으킬 수 있으므로 가능하다면 이런 얼굴은 보지 않을 수 있는 방법을 개발해야 할 것이다. 미생물에 대해 더 많은 이해를 할 수 있다면 지구의 같은 가족으로서 더 많은 유익함을 얻을 수 있을 것이다.

화성에도 미생물이 살까

하늘에 떠 있는 무수히 많은 별이 모두 우주의 구성원이듯이 눈에 보이지 않을 정도로 작고 별만큼이나 많이 사는 미생물도 우주의 같은 식구이다. 미생물도 우주의 한 식구로 남기 위해 치열한 생존 경쟁을 하고 있고, 종족을 퍼트리기 위해 끊임없이 새로운 영역을 개척하고 있다.

인간 역시 다른 행성에 사람이 살 수 있는 공간을 만들기 위해 우주 탐험을 시작하였다. 아폴로 우주선이 달에 사람의 발자국을 남김으로써 생긴 자신감은 생명체가 살 수 있는 또 다른 행성을 찾을 수 있다는 희망으로 발전하였다. 이런 맥락에서 태양계 행성 중 지구와 가장 유사한 환경을 가지고 있다고 밝혀진 화성이 생명체가 살고 있을 가능성이 높은 행성으로 주목되었다. 하지만 1965년 미국이 쏘아 올린 화성탐사선 매리너 4호는 화성 표면으로부터 9800킬로미터 상공에서 생명체가 살기 어려운 황량한 화성을 보고하였다. 생명체가 살기 어렵다는 보고에도 불구하고 미국과 유럽이 쏘아올린 인공위성이 2004년 마침내 화성에 도착했다. 왜 미국과 유럽은 생명체가 살기 어려운 황량한 화성에 경쟁적으로 우주선을 발사했을까?

우주선을 화성으로 향하게 한 주역은 바로 미생물 화석이었다. 미국의 NASA는 1996년 8월, 화성의 초기 상태에 살았다고 추정되는 미생물의 사진을 공개한 바 있다. 남극에서는 1984년 화성에서 날아온 앨런힐스라는 운석이 발견되었다. 앨런힐스는 〈딥 임펙트〉란 영화에서와 비슷하게 1600만 년 전 거대한 운석이 화성에 부딪히면서 생긴 파편으로 1만 3000년 전 남극에 떨어진 것으로 밝혀졌다. 과학자들은 1만 배 이상 확대한 운석에서 지금 지구상에 살고 있는 대장균이나 유산균과 모양과 크기가 거의 같은 막대 모양의 미생물 형태를 발견하고 이를 세상에 발표하였다(아래 사진).

형태가 닮았다는 것만으로 미생물이라고 단정하기는 어려웠다. 화성 내의 지각 변동이나 운석이 지구와 충돌할 때 일어나는 큰 물리적 힘에 의해서 우연히 미생물 모양이 되었을 수도 있다는 반대 주장도 있었다. 하지만 면밀히 분석한 결과 미생물 형태의 주위에서 놀랍게도 미생물이 살아가는 데 꼭 필요한 대사물질인 고리가 많은 방향족 탄소수화물(PAHs)과 카본네이트(Carbonate)란 물질들이 발견되었다. 결론적으로 학자들은 이것이 미생물의 화석일 가능성이 아주 높다고 판단했다. 이러한 발견은 대 지각변동이 있었던 1600만 년 전에는 화성에 미생물이 살았다는 확실한 증거가 되었다. 적어도 1600만 년 전의 고대 화성에는 생

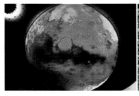 

화성 사진(왼쪽)과 화성의 화석에서 발견된 미생물 유사체 사진(오른쪽)(출처: 미국 NASA)

명체가 살았을 가능성이 높다는 것을 보여주는 귀중한 자료가 된 것이다. 미생물 화석이 지구인들의 외계 진출 방향을 화성으로 향하도록 불을 지피는 계기를 제공해준 셈이었다. 이후 미국과 유럽을 중심으로 화성에 대한 탐사계획이 구체화되면서 여러 나라가 경합적으로 우주선을 쏘아 올리게 되었다.

그런데 더욱 놀라운 사실이 발견되었다. 2004년 미국 인공위성이 사막과 같은 화성에서 물이 흘렀던 흔적을 찾았고, 같은 해 유럽의 위성은 방귀냄새의 원흉인 메탄가스를 발견한 것이다. 여기서 주목하여야 할 것은 메탄가스였다. 메탄가스는 퇴비를 만드는 과정에서 많이 생산되어 연료로 사용되기도 하는데, 농산부산물에서 메탄을 포함한 퇴비를 만들기 위해서는 반드시 미생물의 작용이 필요하다. 따라서 메탄가스의 발견은 곧 미생물 존재의 가능성을 높여주는 증거가 되는 것이다.

화성의 아레스 발리스(Ares Vallis)는 지구의 옐로스톤(Yellowstone, 미국)과 같은 온천지역으로 추정되고 있는 곳이다. 온천수에는 광물질이 풍부하기 때문에 미생물의 생육도 가능하므로 아레스 발리스에는 충분히 미생물이 존재할 수 있다. 미생물의 존재는 아주 중요한 의미를 갖는다. 화성을 개척할 때 물만 찾게 되면 미생물과 같은 생명체를 살게 할 수 있고, 그렇게 되면 다시 생명체가 살아갈 수 있는 생명력을 화성에 불어 넣을 수 있다.

아득한 과거의 지구 역시 생명체가 살 수 없는 환경이었다. 그런데 초기 개척자인 미생물이 오늘날의 지구 환경을 만들었다. 이런 지구의 경험을 적용하면 화성도 충분히 생물체가 살아갈 수 있는 환경으로 만들 수 있다. 인공위성에 지구의 미생물을 실어 보내 우주를 개발하는 꿈도 아주 터무니없는 미래의 공상소설만은 아닐 것이다. 동시에 환경파괴로 인해 심각해지고 있는 지구 사막화도 미생물을 이용하면 저지할 수 있을 것이다. 지구의 초기 개척자였던 미생물은 해마다 우리를 괴롭히는 황사의 근원적인 해결책을 찾는 데에도 중요한 역할을 할 수 있을 것이다. 이렇듯 미생물은 인간에게 필요한 환경을 만들어줄 뿐만 아니라 우주를 개척해 나가는 데도 중요한 미래 기술이다.

미생물도 언어로 의사소통을 한다

사람들은 의사소통을 위해서 주로 언어를 사용하며, 때에 따라서는 손짓이나 몸짓 같은 동작을 사용하기도 한다. 벌들은 꿀을 발견하면 춤 동작으로 꿀이 있는 위치를 동료들에게 알린다. 그러면 수십억 마리가 함께 살아가는 미생물들은 과연 어떤 방법으로 의사전달을 하여 집단적인 행동을 할까? 재미있는 일이지만 미생물도 언어를 사용하여 의사소통을 한다. 다만 음성이나 행동만이 아니라 특수한 화학물질을 동시에 분비하는 화학언어를 사용한다는 점이 독특하다.

예를 들어 비브리오(*Vibrio*) 같은 병원성 미생물이 사람의 체내에 감염되었을 때 무작정 독소를 만들어 공격하지는 않는다. 적어도 자신들이 가진 화학무기, 즉 독소의 함량이 충분히 사람에게 해를 입힐 수 있다고 판단될 때 비로소 공격을 시작한다. 사람들이 전쟁을 할 때와 같이 미생물도 고도의 전술을 구사하는 것이다. 자기편 숫자가 상대방에 비해 적을 때 공격하게 되면 파괴력이 적어서 제대로 공격을 하지 못할 뿐만 아니라 오히려 사람의 면역과 같은 강력한 방어무기의 역공을 받게 되어 자멸하고 만다. 따라서 숫자가 충분히 많아져 이길 자신이 생겨야만 화학언어를 사용하여 수십억 마리의 미생물에게 동시에 명령을 전달함으로써 일제히 공격을 하는 것이다.

그런데 모든 미생물은 단 한 가지 화학물질만을 언어로 사용할까?

지금까지 연구된 바에 의하면, 병원성 미생물들은 그림에서 보는 것처럼 'AHL(Acyl Homoserin Lactone)'을 비롯한 대략 세 가지의 화학물질을 사용하여 소통을 하고 있다. 미생물이 사용하는 화학언어에도 사람들의 경우처럼 표준말이라는 기본구조에 다양한 변화를 가진 사투리가 존재한다. 동시에 두 가지 이상의 화학언어를 구사하는 미생물도 보고되고 있다.

사람들은 여러 나라에서 공통으로 사용하는 언어를 개발하고자 노력하고 있는데, 미생물의 세계에서는 이미 모든 미생물이 공통으로 사용하는 언어가 이미 발견되고 있다. 또한 미생물끼리 전쟁을 할 때는 공용 언어로 사용하는 화학물질을 자신이 많이 흡수하여 다른 미생물들이 자기

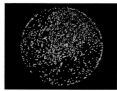

Acyl-HSL (AI-1)   **Furanosyl borate** (AI-2)   **Cyclic dipeptide**(AI-3)

미생물이 대화를 하여 동시에 형광을 내는 사진과 미생물이 사용하는 화학언어(출처: 서울대학교 최상호 교수)

의 숫자를 파악하지 못하도록 정보전을 하는 경우도 보고되고 있다. 충분한 숫자로 불어나면 미생물들은 화학언어로 방송을 한다. 수십 억 마리의 미생물들은 방송을 들은 후 잠자고 있던 자신의 유전자 공장을 깨워서 대량으로 독소를 생산하게 된다. 이때 혹시 잘못된 방송을 듣고 실수할 수 있는 위험에 대비하기 위해 미생물들은 방송된 화학언어가 자신들이 행동해야 하는 명령인지를 면밀히 확인한다. 자물쇠와 열쇠 같은 체계를 사용하여 확인한 후에야 독소 생산 공장을 가동하는 신중함도 보인다. 수십억 마리의 병사에게 동시에 명령을 전달하고 행동하는 미생물이야말로 진정 무서운 군대이다.

사람들이 외부 침입을 막기 위해 성을 쌓거나 담장을 치듯이 미생물도 생체막이라는 성곽을 만드는데 이때도 화학언어를 사용한다. 명령에 따라 개개의 미생물들이 벽돌을 만든 후 동시에 쌓기 때문에 아주 짧은 시간 내에 성곽을 완성시킬 수 있다. 이렇게 완성된 미생물 생체막은 작은 통로로 잘 구성되어서 성장에 필요한 영양분이나 산소는 잘 공급하고, 미생물에 위협적인 요소인 항생제나 면역물질의 접근은 원천적으로 막고 있다. 수십억 마리의 미생물이 짧은 시간에 만드는 성곽이 그렇게 정밀할 수 있다는 것은 분명 우리가 배워야 할 기술이다.

공격용 병원성 독소와 방어용 생체막뿐만 아니라 다른 미생물과의 전쟁인 항생제 생산, 식물체에 침입하여 자기 유전자를 주입하는 것과 같은 미생물 집단의 초대형 사업은 반드시 화학언어를 사용하여 합동으로 한다. 최근에는 병원성 미생물의 화학언어를 교란시켜서 인간을 괴롭히는 질병을 예방하거나 치유하는 신약을 개발하고자 많은 연구가 진행되고 있다. 미생물이 나누는 언어를 인간이 완전히 이해하게 되면 화학적이든 물리적이든 대화를 통해서 병을 치유할 수 있는 방법도 개발될 것이다. 즉 위협적인 미생물을 우호세력으로 만들 수도 있다는 이야기다. 이를 위해 미생물학자들은 끊임없이 미생물 언어의 비밀을 풀고 있다.

사람의 몸속에 사는 미생물의 신비

사람의 몸속에는 얼마만큼의 미생물이 살고 있을까? 우리 몸속에는 피부는 물론 입안, 위, 소장, 대장 등 외부와 통하는 모든 부위에 미생물이 살고 있다. 대변에서 물을 뺀 무게의 절반을 미생물이 차지하므로 인간의 몸은 미생물을 키우는 배양기와도 같다. 학자들에 따라 의견이 다르지만 대장 내에만도 약 400~500여 종의 미생물이 살아가고 있다. 비피도 박테리아, 박테로이데스, 유박테리아, 클로스트리듐 등이 가장 많고 그밖에 락토바실루스, 대장균 등이 주종을 이룬다. 대변 1그램에는 약 50억 마리의 미생물이 살아가고 있는데 아직 밝혀지지 않은 미생물이 대부분이다.

만약 우리 몸속에 미생물이 없다면 어떻게 될까? 당연히 병원균 감염으로 인간이 살 수 없게 된다. 몸속에 살아가는 다양한 미생물의 정상분포는 사람에게 불필요한 병원균이 들어와도 수적인 우세 때문에 발붙일 틈을 주지 않는다.

미생물은 먹는 음식물에 따라서 분포가 달라진다. 예를 들어 술을 심하게 마신 후에는 굵고 검은 막대 모양의 클로스트리듐 퍼프리젠스(*Clos-*

*tridium perfrigens)*라는 좋지 않은 미생물의 수가 급격히 늘어난다. 즉 음식물의 종류에 따라 미생물의 분포가 달라지는 것이다.

달라진 미생물은 대장 내 양상을 바꾸어 대변의 상태를 다르게 한다. 부모님이 아이의 대변 냄새나 색으로 건강을 예측하는 것은 지극히 과학적인 방법이다. 아기가 어머니 뱃속에 태아로 있을 때에는 미생물이 전혀 없다. 태어난 직후인 2~3주까지는 공기 중에 대장균 같은 유해균이 주종을 이루고 있다가 점차 정상적인 상태로 안정화 한다. 초기 미생물의 정착 시까지가 신생아의 건강이 가장 위협을 받을 때이다. 아기가 태어나서 삼칠일 동안 금줄을 치는 조상의 지혜는 장내 미생물이 아기 체내에 정착되는 시간과도 절묘하게 맞아 떨어진다.

아기들의 장내 미생물은 비피도 박테리아가 주종을 이룬다. 비피도 박테리아는 젖을 뗀 후부터 점차 줄어들다가 노인이 되면 더욱 많이 줄어든다. 반대로 클로스트리듐 퍼프리젠스는 건강한 성인에 비해 노인에게 100배 이상 많아진다. 이처럼 사람의 건강과 장내 미생물의 분포는 불가분의 관계를 가진다. 분유보다 모유를 먹는 아기에게 유익한 비피도

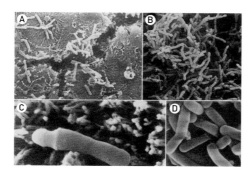

장내 미생물인 비피도 박테리아가 인간의 큰 창자 내에 흡착되어 있는 모습(Appl. Environ. Microbiol. 59(12), 4101-4108, 1993)

박테리아 수가 많은 것도 간과해서는 안 될 일이다.

육류 소비가 많아짐에 따라 발생률이 늘고 있는 대장암에는 여러 가지 원인이 있다. 그중에서도 고기를 많이 먹으면 담즙의 분비가 많아지는데 과잉된 담즙이 대장 내의 나쁜 미생물에 의해 분해되어 발암물질로 변하는 것이 주된 원인의 하나이다. 그러나 유익한 장내 미생물은 오히려 발암물질을 분해하거나 흡수하여 대변의 형태로 체외로 배출시킨다.

놀라운 사실은 인간과 병원성 미생물이 항상 긴장과 대립적 관계이지 않고 적당히 타협을 한다는 것이다. 바닷물에 살면서 콜레라나 식중독을 일으키는 비브리오라는 세균이 있다. 비브리오가 장내에 들어오면 독소를 만들어 설사를 일으킨다. 그런데 이 과정은 사실 설사를 일으키는 비브리오는 설사를 통해서 자기가 살기 좋은 바깥세상으로 나가고, 사람은 병원성 미생물과 독소를 몸속의 물로 세척해 내는 타협의 과정이다. 타협이 적절하지 않을 때 사람의 몸은 고열을 발생시켜 더 이상 미생물이 살 수 없는 환경을 만든다. 2만5000개의 인간 유전자 중에 200여 개의 유전자가 세균으로부터 비롯되었다. 즉 인간과 미생물은 위협과 타협을 통해 공유지역을 만든 것이다.

장내 미생물의 분포와 수를 추정하여 또 다른 의미의 나이인 '장내 나이'라는 표현을 사용하기도 한다. 자기 나이에 비해서 장내 나이가 젊으면 훨씬 건강하게 살 수 있다. 결국 사람과 미생물은 가까운 동지인 동시에 무서운 적이 되기도 하는 셈이다.

다섯 가지 색깔을 지닌 호수의 비밀

일본의 이와테 현에는 계절에 따라 물빛이 다섯 가지 색깔로 바뀌는 신기한 호수가 있다. 오색늪이라 불리는 이 호수는 지름이 45미터, 깊이가 11미터 정도이고 둥근 모양인데, 표고는 900여 미터 정도이고 우리나라 백두산과 같이 밑바닥에서 물이 솟아올라서 가장자리로 흘러넘치고 있다. 이 호수는 가을에서 봄까지는 녹색에서 황갈색, 초여름은 창백한 백색, 늦여름은 짙은 청색으로 색깔이 바뀌는 미묘함을 간직하고 있다. 과연 무엇이 계절에 따라 호수의 물 색깔을 변하게 하는 걸까?

과학자들은 호수의 물 색깔이 변하는 원인을 조사하기 위하여 먼저 호수 물에 녹아 있는 성분을 분석하였다. 그 결과 오색늪은 일반적인 유황온천보다 황산, 황산제1철, 황화수소 등이 많이 포함되어 강한 산성을 띠고 있었고, 특히 호수 물속에 산소가 전혀 녹아 있지 않은 것이 가장 큰 특징이었다. 황과 철분으로 이루어진 물의 구성성분과 계절에 따른 기온 차만 생각하더라도 과학적으로 호수 물의 색 변화를 충분히 설명할 수 있다.

즉 겨울에는 기온이 영하로 떨어져 호수 표면의 수온은 섭씨 0도에

가깝고 호수 내부의 수온은 4도 정도가 된다. 물의 비중은 4도에서 가장 높고 이렇게 되면 호수 내부의 비중이 표면보다 오히려 높아서 물의 순환이 일어나지도 않고 화학적 변화도 일어나지 않는다. 따라서 겨울철에는 낮은 온도에서의 철의 용해도 차이와 호수 밑바닥에서 용출되는 물의 순환 때문에 황산제1철이 녹색을 띠게 된다.

그러나 봄이 오면 기온이 조금씩 상승하여 호수 표면의 온도가 4도 정도가 되고 물의 비중도 높아진다. 호수 내부는 조금 더 따뜻해서 비중이 낮기 때문에 물은 표면에서 내부로 순환하게 되고 이때 공기 중 산소가 호수 밑바닥으로 공급되면서 제1철이온이 산화되어 갈색의 수산화제2철로 바뀐다. 이렇게 되면 호수의 물은 황갈색이 되는 것이다.

또한 여름이 되면 호수 밑바닥의 온도가 낮아지면서 비중이 높아지므로 물의 순환이 일어나지 않고 산화가 거의 일어나지 않기 때문에 파란색을 띤다. 그리고 가을이 되면 기온이 저하되면서 봄과 같은 양상으로 다시 갈색을 띠게 된다.

오색늪의 변화를 보면 철의 산화반응이 중요하다는 것을 알 수 있다. 하지만 산화반응은 화학적으로 물의 수소이온 농도(pH)가 오색늪과 같이 극 산성일 때는 불가능하고, 보통의 물과 같이 중성과 가까울 때만 산소의 존재 유무에 따라 가능하다. 그렇다면 오색늪과 같은 극 산성 상태

극 산성에서 자라며 철을 산화시키는 티오바실루스와 오색늪

에서는 어떻게 철 산화 반응이 일어나 호수의 색을 변하게 할까? 해답은 바로 오색늪에 살고 있는 미생물의 활동에 있었다.

극 산성 상태에서 철을 산화시키는 철 산화 미생물 가운데 티오바실루스라는 미생물이 잘 알려져 있는데, 심지어 어떤 종은 pH가 2 이하의 극 산성에서도 산소의 존재 하에 철을 산화시킬 수 있다. 그런데 티오바실루스는 공연히 극 산성에서 철을 산화시키는 것이 아니고, 철을 산화시키면서 생기는 에너지를 사용하여 생활하고 있다.

미생물의 입장에서 보면 가을부터 봄까지 호수에는 산소가 풍부하여 활동을 하면서 철을 산화시키므로 녹색에서 갈색을 만들고, 여름철에는 산소가 부족해서 철 산화를 할 수 없으므로 에너지를 얻지 못하고 활동도 할 수 없어서 결국 백색과 청색의 물로 바뀐다. 초여름에 호수가 창백한 색깔을 나타내는 것은 철 산화세균이 황화수소를 황으로 산화시켜서 하얗게 하기 때문이고, 늦은 여름에 호수가 파란색으로 바뀌는 것은 흰색의 황이 미생물에 의해 다시 황산으로 산화되면서 일어나는 현상이다.

이렇듯 계절에 따라 호수의 색깔을 바꾸는 요술의 주인공은 바로 티오바실루스란 미생물이었다. 사람들은 색깔이 변하는 호수를 신성시하기도 했는데 그 대상이 미생물이었다는 사실이 놀라울 따름이다. 산성에서도 산화할 수 있는 티오바실루스의 능력은 현재 폐수처리나 금, 세렌륨과 같은 귀금속을 회수하는 데도 이용되고 있다.

다른 생물은 생존조차 불가능한 극 산성 조건에서 활동하는 미생물을 보노라면 경제적이고 산업적인 이익 이전에 보다 본질적인 의미를 느끼게 된다. 사람의 입장에서 볼 때는 아주 작고 보잘것없는 미생물이지만 극한 환경에서도 살아나가는 억척스러움에서 경이감과 끊임없는 도전을 발견하게 되는 것이다.

독가스로 화학전쟁을 하는 미생물

스컹크가 지독한 냄새를 내뿜는 방귀로 자신을 괴롭히는 동물들의 위협을 피한다는 것은 너무도 잘 알려진 사실이다. 스컹크의 방귀에는 지독한 냄새가 나는 부틸메르캅탄(butylmerkaptan)이라는 화학물질이 포함되어 있다. 적으로부터 자신의 몸을 보호하기 위해서 악취를 내뿜는 것은 스컹크만이 아니다. 식물 가운데서도 마늘은 알리신(allicin)을, 소나무나 전나무는 피넨(pinene)이라는 물질을 내뿜어서 적을 퇴치한다. 이러한 물질들은 식물을 썩게 하는 식물 병원성 미생물이 바람을 타고 와서 자기 몸에 붙으면 아예 자라지 못하게 하거나 또는 죽여 버리는 항생제 같은 역할을 한다. 스컹크는 자기를 괴롭히는 육식동물에게 심한 악취 성분의 가스를 내뿜고, 식물들은 병원균의 침입을 막기 위해서 항생제란 화학물질을 사용하는 것이다. 인간들이 전쟁에서 사용하는 화생방전의 독가스나 화학제제와 아주 유사하다. 이처럼 동식물은 자기의 가장 큰 적이 누구인지를 알고 거기에 맞는 화학 무기를 개발하여 보유하고 있다.

그렇다면 버섯 같은 고등 미생물은 자신을 해치는 곤충을 만날 때 어떻게 할까? 그리고 그러한 미생물을 가장 성가시게 하는 적은 누구일까?

파리나 애벌레 같은 곤충은 버섯을 먹이로 먹거나 새끼가 자라는 동안 집으로 사용하기도 한다. 또한 작은 쥐나 지렁이 등의 작은 동물도 버섯을 서식처나 먹이로 사용한다. 따라서 버섯에게는 이러한 곤충이나 작은 동물이 가장 큰 적이라 할 수 있다.

　흔히 버섯으로 잘 알려진 담자균 계통의 미생물들은 놀랍게도 제2차 세계대전 중에 인간들이 가장 치명적인 화학무기로 사용한 시안계통의 화합물질을 독가스로 사용하여 곤충이나 작은 동물들로부터 자신을 보호한다. 숲속 밝은 곳에서 자라는 낙엽버섯이나 잔디가 깔린 운동장에서 흔히 볼 수 있는 경단버섯은 몸체가 부드러워서 곤충이나 작은 동물의 먹이로 아주 적합하다. 이 버섯들은 자신을 방호하기 위해 시안 독가스를 내뿜어서 곤충이나 작은 동물의 접근을 막는다. 실제로 낙엽버섯을 잘게 썰어 사방이 막힌 상자에 넣고 파리를 잡아넣으면 2~3분 내에 파리가 죽어서 바닥으로 떨어지는 것을 볼 수 있다. 심지어 생쥐도 몇 시간 이내에 온몸에 경련을 일으키며 죽는 것을 볼 수 있다.

　어떤 버섯은 사람에게 치명적인 30ppm 이상의 시안가스 농도를 분비하기도 한다. 하지만 사방이 막히지 않은 자연스러운 상태의 숲에서는 버섯이 치명적인 독가스를 분비해도 공기 중으로 확산되기 때문에 곤충을 죽일 정도의 높은 농도에는 도달하지 않는다. 그럼에도 독가스를 만

독가스를 내뿜는 낙엽버섯(*Marasmius*)과 경단버섯(*Bovista*)

들지 못하는 평범한 다른 버섯에 비해 독가스를 내는 버섯무리에는 진드기나 나방, 애벌레 등의 벌레가 현저히 적게 산다. 버섯이 분비하는 독가스가 곤충의 접근을 어느 정도 막을 수 있음을 증명하는 것이다.

그런데 버섯이라고 불리는 담자균 미생물의 몸체는 버섯 자신에게 어떤 의미가 있기에 독가스까지 만들어 보호를 하는 것일까? 우리 눈에 보이는 버섯의 몸체는 학문적으로는 자실체라고 불리는 종자식물의 열매, 즉 씨앗과 같다. 생물에게 열매나 씨앗은 자손을 퍼뜨리는 아주 중요한 생식기관이다. 만약 씨앗이 곤충으로부터 보호받지 못하면 결국 버섯은 자손이 끊어져서 영원히 멸종할 수도 있다. 부모가 어린 자식들을 보호하듯이 버섯도 자기 종이 끊어지는 것을 막기 위해 독가스를 만들어 스스로 해충의 접근을 막는 적극적인 방호 태세를 취하는 것이다.

독버섯으로 인한 인명 피해가 심각하기 때문에 독버섯의 정확한 구별이 아주 중요하다. 그런데 독버섯을 제대로 분류하는 일이 그렇게 쉽지가 않다. 예를 들어 낙엽버섯의 경우에도 독가스를 만들기 때문에 독버섯으로 분류될 수 있지만 아주 낮은 농도의 독가스를 만들어 자신을 방호할 뿐이기 때문에 독버섯으로는 분류하지 않고 사람이 먹기는 어려운 불분명한 종으로 분류한다.

이처럼 버섯은 나무와 같은 식물에 비해 약한 몸통을 가져서 해충으로부터 자신을 보호할 수 없기 때문에 적극적인 대처방법으로 독가스를 만들어 화학전을 벌인다. 최근의 연구에서는 낙엽버섯이 수족마비나 혈전용해 같은 성인병에 효과가 있다고 알려져 새로운 각도에서 재조명을 받고 있다. 자신을 보호하고 자손을 퍼뜨리기 위해 치명적인 시안가스로 화학전을 불사하는 버섯을 보면서 자연계에서 살아남기 위한 생물의 끊임없는 노력에 숙연한 마음을 갖게 된다.

합체 로봇처럼 움직이는 점액세균

얼마 전까지도 미생물은 단지 한 개의 세포가 독자적으로 행동하며 살아가는 것으로 알려져 있었다. 하지만 최근의 연구에서 미생물도 언어를 가지고 집단적으로 행동한다는 흥미로운 사실이 속속 밝혀지고 있다. 집단행동을 하는 가장 대표적인 예로 점액세균(*Myxobacteria*)을 들 수 있는데, 점액세균은 긴 막대 형태로 한 개씩 자란 후 운동성이 있어서 움직이며 대략 10만에서 1억 마리 정도가 마치 어린이들이 가지고 노는 합체 로봇처럼 무리를 이루어 모양을 만든다. 뭉쳐서 움직이며 집단적인 무리를 만들기 시작하고 1억 마리 정도가 합체를 하여 독특한 조형물을 완성시키는 재미있는 미생물이다.

점액세균은 종류에 따라 각기 다른 형태나 모양의 조형물들을 만든다. 그런데 동일한 점액세균은 할아버지에서 손자에 이르기까지 똑같은 형태의 조형물을 만든다. 이를 보면 할아버지 점액세균의 조형물을 만드는 기술이 손자에게 유전되는 것을 알 수 있다.

1억 마리 이상의 점액세균이 무리를 지어 조형물을 만들면 마치 사람들이 인간 피라미드를 만들었을 때 느끼는 히말라야 산 정도의 높이가 될 것이다. 그런데 점액세균은 그렇게 높은 위치까지 어떻게 움직일까? 연구에 의하면 한 마리의 점액세균은 경우에 따라서 우주로 발사되는 로켓처럼 꽁무니에서 분사하면서 앞으로 나간다고 밝혀졌다. 하지만 우주선이 연료로 분사하는 데 비해 이 미생물이 무엇으로 분사하는지는 여전히 밝혀지지 않았다. 또한 1억 마리 정도의 미생물이 뭉쳐서 한 개의 개체처럼 행동하는 군집생활을 왜 하는지도 아직까지는 알 수 없다.

사람들은 인간 피라미드를 만들 때 체중이 가벼운 사람이 위로 올라간다. 그런데 체중이 거의 비슷한 1억 마리 정도의 점액세균이 어떻게 독특한 조형물을 만들 수 있는지도 해결하지 못한 숙제이다. 동일한 한 개의 유전체인데도 코, 입, 눈, 피부 등으로 분화하는 인간의 줄기세포 비밀을 밝히는 데 점액세균이 큰 역할을 할 수도 있을 것이다.

점액세균은 토양, 초식동물의 똥, 썩은 식물체나 나무껍질의 표면 등에 서식하는데, 섬유질 같은 유기물질을 분해해서 자라는 점액세균과 다른 미생물을 잡아먹으며 생활하는 점액세균으로 구분할 수 있다. 이 미생물들은 수십만 마리에서 수억 마리 이상씩 군집하여 살면서 미끄러지듯 활주운동(Gliding motility)에 의해 먹이를 찾아 이리저리 함께 이동한

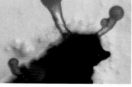

점액세균들이 만드는 다양한 조형물 모양들(오른쪽 두 개의 사진은 우리나라 토양에서 우리나라 과학자가 분리한 미생물)(출처: 호서대학교 조경연 교수)

다. 먼이를 찾게 되면 세포를 분해시키는 물질이나 다른 미생물을 죽이는 항생물질을 세포 밖으로 배출하여 먼이를 죽이고 용해시켜서 영양분을 얻는다.

하지만 주변 환경이 나빠서 영양분을 공급받기가 어려워지면 수십만 마리씩 군집한 점액세균이 앞의 사진에서 보는 바와 같이 버섯모양, 나무모양 등의 다양한 조형물을 만든다. 조형물은 대부분 돋보기로 관찰이 가능한 크기인 0.2밀리미터 이하로 미생물의 입장에서는 아주 높은 산과 같은 크기 정도이다. 이처럼 거대한 조형물을 만들기 위해서는 수많은 일꾼들이 설계도에 따라 정확한 위치에 옮겨야 하고, 일꾼 사이에 수많은 명령과 행동이 필요하다. 따라서 점액세균들도 상호간에 복잡한 의사소통을 하기 위해서 화학물질을 분비하여 일사불란한 의사소통의 수단으로 활용하고 있다.

또한 중간에 외부의 힘이 조형물을 허물어 버려도 점액세균은 동일한 조형물을 다시 만드는 특성을 가지고 있다. 점액세균들이 무리를 지어 만든 버섯과 같은 모양의 자실체 조형물은 우리가 운동회 등에서 흔히 볼 수 있는 인간 피라미드 구조와 유사하다. 점액세균들은 안전한 조형물을 만든 후 오랫동안 생명력을 보전하기 위한 구형 또는 타원형의 포자(Myxospore)로 만들어 자손을 보존하고 있다.

이처럼 조직적인 조형물의 형성은 원핵생물 안의 다른 박테리아에서는 전혀 찾아볼 수 없는 것이다. 다만 진핵생물로서 수풀 속에 많은 딕티오스텔리움(*Dictyostellium*)의 생활사에서 그 유사성을 발견할 수 있다. 영양분이 풍부한 상황이 되면 자실체 내의 포자들이 일시에 발아하는데, 그 결과 발아된 박테리아들이 곧바로 수십만 마리의 집단을 형성하여 군집에 의한 생활을 계속하는 것이다.

점액세균이 만드는 조형물에 대해서는 아직까지도 풀리지 않은 비밀들이 있다. 단순한 세균인 점액세균을 통해 아직 해결되지 않은 생명현상에 대한 이해를 얻을 수도 있을 것이다.

영화 〈쥬라기 공원〉을 실현한 미생물

마이클 크라이튼의 소설 《쥬라기 공원》을 천재적인 영화감독 스티브 스필버그가 영화화하여 대성공을 거둔 것으로 더 유명한 〈쥬라기 공원〉은 지금부터 적어도 6500만 년 전인 중생대에 공룡의 피를 빨아먹은 모기에서 공룡의 유전체를 추출하여 유전자를 복제함으로써 시작된다. 유전체가 들어 있는 공룡의 피를 빨아먹은 모기가 끈적끈적한 소나무 송진에 잡히고, 계속 송진이 덮여 있는 상태로 수많은 세월이 흐르면서 송진이 호박(Amber)이란 보석으로 변하여 수천만 년 이상 보존되었다. 그 호박 속의 모기를 유전공학자들이 꺼내 모기가 가지고 있던 공룡의 피에서 얻은 유전체로 공룡을 복제하여 재미있는 공상영화를 만든 것이다.

영화를 본 많은 관객들은 영화에서 공룡을 재현해 내듯이 이미 멸종된 공룡과 같은 생명체를 유전자로부터 복원할 수 있을까에 대해 관심을 가졌다. 과연 이러한 일이 가능할까? 실제로 생물 가운데 가장 단순한 미생물을 대상으로 실험이 진행되었다. 1995년 5월 미국 캘리포니아공과대학의 연구팀이 "Scientists Revive Very Old Bacteria Entombed in Extinct Bee"(멸종된 벌에 매장되어 있던 매우 오래된 세균을 과학자가 부활시키다)라는 제목으로 논문을 발표했다. 이 연구는 약 2500만 년 전 호박 속에 있던 원시형태의 벌 종류인 침이 없는 벌(Stingless Bee)의 내장에서 미생물의 포자를 다시 살려낸 것이었다.

물론 유전체에서 공룡과 같은 생물을 복원시킨 것은 아니고 유전체가 다 들어 있는 잠자는 형태의 포자를 이용한 것이었지만, 2500만 년 전에 활동했던 미생물에 다시 생명을 불어넣는 놀라운 일을 해낸 것이다. 이러한 연구를 통해 영화 〈쥬라기 공원〉 같은 아이디어를 실현시킬 수 있었다.

미생물은 온도나 화학물질, 압력 등 외부환경이 나빠지면 생명력을 유지하기 위해 포자(Spore) 형태로 바뀌게 된다. 2500만 년 전에 벌이 날아다니다가 소나무의 송진 같은 끈끈한 수지(Resin)에 붙게 되었고, 수지가 단단하게 되어 호박과 같은 보석이 되었는데, 이 과정에서 벌의 내장에 있던 바실루스라는 미생물이 살아남기 위해 포자로 변해서 생명력을 유지하게 된 것이다.

그로부터 2500만 년 후에 미국 캘리포니아공대의 연구팀이 호박 속의 벌을 꺼내 벌의 뱃속에 있던 미생물 포자를 키워내는 데 성공함으로써 미생물의 잠을 깨우게 되었고, 아울러 2500만 년 전의 원시 미생물을 얻을 수 있게 되었다. 2500만 년 전의 생물을 복원해 낼 수 있다니 실로

호박 속에 들어 있는 모기와 2500만 년 전의 원시 미생물 바실루스 스파리쿠스

놀라운 일이 아닐 수 없다. 영화 〈쥬라기 공원〉이 단지 공상영화로 끝나지 않고 발전하는 미래의 과학 기술로는 얼마든지 가능하다는 것을 우선 미생물이 보여 준 것이다.

한 가지 더 재미있는 사실은 왜 미생물이 2500만 년 전 벌의 뱃속에서 살았을까 하는 점이다. 오늘날도 벌의 뱃속에는 벌의 소화 작용을 도울 뿐만 아니라 질병을 치유하는 항생물질을 생산할 수 있는 바실루스 스파리쿠스(*Bacillus spaericus*)라는 미생물이 공생하고 있다. 2500만 년 전 벌의 뱃속에서 잠이 깬 미생물과 현재 벌의 뱃속에 살아가고 있는 미생물이 같은 종류로 밝혀져 더욱 흥미를 자아냈는데, 바실루스 스파리쿠스는 흙에서 찾을 수 있는 아주 흔한 미생물이다.

이 미생물은 모기를 죽이는 독소를 생산하는 것으로 잘 알려져 있다. 흔히 모기를 죽이기 위해서는 화학약품을 사용하는데 화학약품으로 인한 심각한 환경파괴를 막기 위해서 모기의 서식지인 개울 등에 자연계에 존재하는 미생물을 뿌린다. 이 미생물들이 모기의 유충을 죽일 수 있기 때문에 자연환경을 파괴하지 않고도 오염된 물에서 번식하는 모기의 유충을 방제할 수 있는 효과적인 생물학적 처리방법이 되는 것이다. 이처럼 미생물은 모든 생물과 더불어 살아가고 있고, 2500만 년이나 생존할 수 있는 생명력이 가장 강한 생물이다. 미생물이 생명을 보존하는 원리를 연구할 수 있다면, 인간의 건강유지에도 큰 도움이 될 수 있을 것이다.

핵폭발에서도 살아남는다

1986년 우크라이나 체르노빌에서 발생한 원자력 발전소 사고는 핵 방사능의 끔찍함을 생생히 보여준 사건이었다. 방사능 유출로 당시 2500여 명이 목숨을 잃었고, 그 후로도 43만여 명이 암과 백혈병 등의 난치병으로 고통 받고 있다. 핵사고 발생지역에서 1000킬로미터까지의 지역은 여전히 농사를 지을 수 없으며, 20여 년이 지난 지금도 30킬로미터 이내는 사람의 접근을 막고 있다.

그런데 체르노빌 사고지역의 생태계를 조사하기 위해 과학자들이 특수 장비를 이용하여 30킬로미터 이내의 지역을 조사하던 중에 놀라운 사실을 발견하게 되었다. 생명력이 가장 끈질기다고 알려진 바퀴벌레조차 자취를 감춘 사고지역에서 왕성하게 번식하고 있는 미생물을 발견한 것이다.

디이노코쿠스 라디오란스(*Deinococcus radiorans*)로 알려진 이 미생물은 대부분의 생물이 살기 어려운 남극의 드라이 밸리나 자외선이 강한 북극에서도 살아갈 수 있었다. 남북극과 같은 지역은 붉은 별 화성과 비슷한 환경으로 추정된다. 그런데 디이노코쿠스 라디오란스는 남극에서 발견된 1만3000년 전 화성의 운석 근처에서도 많이 관찰되었다. 일반적으로 사람의 경우에는 500~1000라드(rads) 정도의 핵 방사선도 견딜 수 없다. 하지만 디오노코쿠스 라디오란스는 사람이 견딜 수 있는 방사선 세기의 3000배나 강한 150만 라드에서도 거뜬히 살아서 번식을 한다.

사람들은 X-선을 이용해서 폐를 촬영할 때 방사선으로부터 보호를 받기 위해 납으로 된 특수 차단막을 사용한다. 따라서 이 미생물도 살아남기 위해 세포 외투에 납과 같은 특수한 차단막이 있을 것이라고 생각했지만 놀랍게도 그런 차단막은 찾을 수 없었다.

방사선의 무서운 점은 생명정보인 DNA의 이중나선을 파괴하여 생명의 근원을 말살한다는 것이다. 흔히 사람을 포함한 동식물의 경우에는 단선의 DNA가 파괴되면 생체 내에서 쉽게 복구되지만, 이중나선은 한두 가닥만 파괴되어도 복구가 어려워 생명현상을 연장시킬 수 없게 된다. 미생물 가운데 가장 흔한 대장균의 경우에도 두세 개의 이중나선만 파괴되어도 복구가 되지 않아 더 이상 생존이 불가능하다. 그러나 디이노코쿠스 라디오란스는 높은 양의 방사능으로 이중나선을 거의 완전히 파괴해도 24시간 내에 완벽하게 수리해 낸다.

이 미생물은 어떤 방법으로 유전체를 완벽하게 복구할 수 있는 것일까. 방사선에 의해 완전히 파괴된 유전체를 복구하는 현상에 착안하여

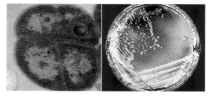

핵폭발에서도 살아남은 디이노코쿠스 라디오란스

유전체를 해석함으로써 신비로운 복구의 비밀을 풀게 되었다. 즉 보통의 박테리아가 한 개의 유전체를 가지는 데 비해서 이 미생물은 여벌로 한 개의 유전체를 더 가지는 것이 발견되었다. 물론 두 개의 유전체를 가진다는 것이 높은 방사선에 대한 강한 저항성을 충분히 설명해 주지는 못한다. 지금까지도 연구가 계속되고 있는 가운데 다양하고 복합적인 작용 때문이라고 추측만 하고 있을 뿐이다. 결과적으로 디이노코쿠스 라디오란스는 방사선이라는 강한 자극이 존재하는 환경에서도 번식이 가능한 세상에서 가장 강인한 생물 분야에 기록을 세우고 기네스북에 오르게 되었다.

NASA에서는 우주선을 발사할 때 진공, 강한 태양광선, 방사선에 노출된 상태에서 여러 종류의 미생물을 함께 내보냈는데, 신기하게도 몇 종의 미생물은 지구로 무사히 귀환하였다. 그중에서도 디이노코쿠스 라디오란스는 거의 상처를 입지 않은 완벽한 상태로 귀환하였다. 이러한 연구를 통해 미생물이 지구 밖의 행성 간 여행에서도 생존할 수 있다는 것을 알게 되었다. 즉 지구에 사는 미생물이 외계 행성에서 살아서 옮겨질 수 있는 가능성을 밝힌 것이다.

만약 사람이 방사능에 저항할 수 있고 탁월한 유전체 수리능력이 있다면 지구의 열악한 환경은 물론이고 심지어 우주를 여행하는 데도 전혀 두려움이 없을 것이다. 한편 지구 환경이 아주 나빠져서 모든 생명체가 생존하기 어려워도 미생물은 분명 살아남을 것이다. 또한 미생물들은 방사능으로 오염된 최악의 지역을 정화하는 능력을 가지고 있어서 핵 방사능 오염 지역의 환경정화에도 사용되고 있다. 깨끗한 지구를 보존하여 자손에게 물려 줄 책임이 있는 우리는 미생물의 중요성을 자각하여야 한다. 체르노빌 방사능 유출로 수많은 피해를 입었지만 많은 미생물들은 살아남아서 수많은 변종을 만들었고, 이 변종들 가운데는 인간에게 유익한 것도 많았다. 미생물이 주는 이런 교훈은 아무리 어려운 상황이어도 자세히 관찰하면 얻을 점이 있다는 것을 시사하고 있다.

그림을 그리는 화가 미생물

생물들은 열대지방이나 남북극은 물론이고 높은 산이나 깊은 바닷속, 사막 같은 나쁜 환경에서도 잘 적응해서 나름대로 살아가는 방식을 만들고 있다. 사람의 눈으로 볼 때는 같은 생물이 다른 환경에 적응하여 각기 다르게 살아가는 모습이 마치 다른 생물로 변신한 것처럼 보이기도 한다. 예를 들어 식물은 햇빛이 비치는 방향에 따라 모양을 바꾸면서 자라기도 하고, 경우에 따라서는 색깔조차도 바꾸는 것을 흔히 볼 수 있다.

미생물도 환경에 따라서 모양이나 색깔이 바뀔까? 당연히 미생물도 살아가는 환경에 따라 자라는 양상이 달라진다. 미생물이 자라는 모습을 조사하여 새로운 예술을 창조하려는 과학자들이 있는데, 이스라엘의 에셀 벤 야콥(Eshel Ben-Jacob) 박사의 연구는 예술창작의 대표적인 예로 들 수 있다. 이러한 연구는 미생물에게도 집단행동을 하는 사회적 지식(Social intelligence)이 있다고 주장한 데서 시작되었다.

실제로 미생물들은 자라면서 가을 하늘을 수놓는 철새들의 군무처럼 집단적인 행동을 한다. 이러한 행동의 자취를 모으면 마치 그림을 그리는 것과 같은 모습을 나타낸다. 미생물이 먹고 자라는 영양분을 한천과 함께 끓이면 고체의 미생물 배지를 만들 수 있는데, 이 고체 배지에서 미생물들은 아래의 그림에서 볼 수 있는 것처럼 여러 가지 그림을 그리면서 자란다. 그림을 그리는 형태로 자라는 대표적인 미생물들은 바실루스, 페니바실루스 계통이며, 제일 하단 왼쪽에 나타난 것처럼 버섯 형태로 자라는 믹소코쿠스라는 미생물도 있다.

미생물이 자라는 형태를 그림에서 자세히 살펴보면 크게 두 가지 양상인 것을 알 수 있다. 즉 나무줄기처럼 굵게 자라서 마치 붓에 물감을 듬뿍 찍어 진하게 그림을 그린 것 같은 형태와 가는 붓으로 섬세하게 휘감듯이 자라는 나선 형태로 대별할 수 있다('미생물이 자라는 두 가지 양상' 그림 참조). 같은 미생물의 경우에도 어떤 때는 나선형으로 자라고 어떤 때는 줄기형으로 자란다.

이러한 차이는 무엇보다도 먹이에 의한 것이었다. 먹이가 많지 않을

미생물이 자라나면서 그리는 다양한 그림(이스라엘 텔아비브대학 에셀 벤 야콥 박사 (star.tau.ac.il/~eshel)). 잘 보이게 하기 위해서 컴퓨터를 이용해 미생물이 자란 모습에 색채 처리를 하였다.

때 미생물들은 충분한 시간을 가지고 천천히 건실하게 자라기 때문에 튼튼한 모양의 줄기형으로 자란다. 하지만 충분한 영양분을 발견했을 때는 가족을 늘이기 위해서 빨리 자라 많은 아들딸을 낳는다. 이때는 영양분을 빨리 얻고자 휘감아 가듯이 나선형으로 자라서 넓은 영토를 얻는다. 휘감듯이 자라기 위해서는 빨리 움직여야 하는데 미생물들은 미끈미끈한 액체를 뿌려서 미끄러지듯이 자라 나선형을 만든다.

사람들이 더 많은 곡식을 얻기 위해 이웃나라와 전쟁을 하여 영토를 넓히는 것처럼 미생물들도 더 많은 영토를 차지하여 더 많은 영양분을 얻기 위해 빠르게 움직인다. 전쟁에서 기동력이 중요하듯이 미생물도 좀 더 빨리 움직이는 방법으로 미끄러지듯 움직이는 방법을 개발한 것이다. 미끈미끈한 액체는 스키장의 눈과 같은 역할을 하여 먹이에 빨리 접근할 수 있게 해 준다. 이처럼 미생물들도 빨리 움직이려는 의지를 가지고, 빨리 움직일 수 있는 방법을 개발하여 행동한 것이다. 실제로 많은 미생물들이 동시에 미끄러운 액체를 뿌려서 먹이에 빨리 접근하는 방식으로 행동하고 있다.

이러한 미생물의 집단현상도 신기하지만, 미생물이 그린 그림은 유명 화가가 그린 그림만큼 가슴에 와 닿는다. 미생물들의 생존 본능과 살아남기 위한 끈질긴 삶의 노력이 녹아 있기 때문이다. 미생물의 삶의 철

미생물이 자라는 두 가지 양상. a) 줄기형 b)나선형(출처: Trends in Microbiology V.12(8), 2004)

학이 담긴 아름다운 그림을 보면 미생물을 화가라고 표현하는 데 많은 사람들이 동의할 것이다. 한걸음 더 나아가 미생물이 그린 여러 가지 그림을 새로운 디자인이나 무늬를 만드는 데 활용하여 생활을 보다 아름답게 만들 수도 있을 것이다.

미생물을 잡아먹는 드라큘라

미생물들이 살아가는 아주 작은 세계에도 강한 놈이 약한 몸을 잡아먹는 약육강식과 약한 놈이 살아남기 위한 보호색, 자손을 빨리 퍼트리는 방법 등 여러 가지 형태의 방어체계가 존재한다. 즉 살아남기 위해 치열한 생존 경합이 벌어지고 있다는 이야기다. 괴기 공포소설에 등장하는 드라큘라는 사람과 똑같이 생겼지만 피를 빨아먹고 산다. 영화에 등장하는 드라큘라는 사람보다 훨씬 힘이 세고 사람과는 다른 초능력을 가진 것으로 표현된다. 그리고 드라큘라도 살아남기 위해서 강한 힘을 가지고 흡혈을 한다.

　미생물 가운데도 드라큘라처럼 미생물의 체액을 빨아먹고 사는 미생물이 있다. 1915년 프레데릭 트워트(Frederick W. Twort)는 병원균인 포도상구균을 키우다가 균이 투명하게 녹은 것을 발견했다. 그 부위를 떼어내 다른 포도상구균에 집어넣었더니 그 균도 녹아버렸다. 처음에 사람들은 그것을 세균이 생산한 독소라고 생각했다. 프랑스 세균학자 펠릭스 데렐(Felix d'Hérelle)은 그 '독소'가 세균을 죽인다고 해서 박테리오파지(bacteriophage)라는 이름을 붙였다. 그것이 독소가 아니라 생물인 바이러스라는 사실이 밝혀진 것은 1930년대 전자현미경이 등장하면서부터였다.

전자현미경 사진에서 보듯이 박테리오파지의 형태는 아폴로 우주선과 비슷하게 머리와 꼬리로 되어 있다. 육각형처럼 생긴 머리 내부에는 유전물질인 DNA(종류에 따라 RNA도 있음)가 들어 있고, 다리처럼 생긴 머리 아랫부분은 신축성이 있는 단백질로 되어 있다. 박테리오파지는 전체를 구성하는 단백질 수가 약 150개에 불과한 아주 작은 생명체이다. 또한 크기도 0.1마이크로미터(㎛: 마이크로미터는 100만 분의 1미터)에 불과해 세균용 필터로 걸러도 거뜬히 통과하는 작은 생물이다.

박테리오파지에서 박테리오는 '세균'이란 뜻이고, 파지는 '먹는다'는 뜻이다. 즉 박테리오파지는 세균을 잡아먹는 바이러스다. 감기를 일으키는 인플루엔자, 에이즈를 일으키는 HIV만큼 잘 알려져 있지는 않지만 한번 보면 결코 잊을 수 없는 기묘한 모양 때문에 바이러스 세계에서 박테리오파지는 꽤 유명한 존재이다. 게다가 최근 과학자들은 박테리오파지의 새로운 가능성을 주목하고 있다.

이 박테리오파지는 미생물을 산업화하기 위한 실험에서 종종 피해를 주었는데, 그러한 예를 아미노산이나 야쿠르트 같은 발효유 등에서 찾아

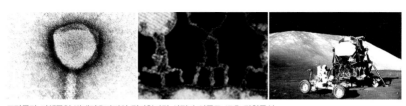

드라큘라 미생물인 박테리오파지의 전자현미경 사진과 아폴로 17호 달착륙선

볼 수 있다. 미생물을 키우면 초기에는 뿌옇고 불투명한 상태로 잘 자라고 있다가 박테리오파지가 침입하면 어느 순간 미생물이 한 마리도 보이지 않는 맑고 투명한 액체로 바뀐다. 드라큘라가 사람의 피를 빨아 먹고 껍질만 남게 하여 사람의 흔적을 찾지 못하게 하듯이 드라큘라 미생물은 미생물의 체액을 다 빨아먹어서 미생물의 흔적을 찾지 못하게 하는 것이다.

이런 드라큘라 미생물 중에는 박테리오파지도 있지만 드라큘라의 다른 이름인 뱀파이어(vampire)를 빌어서 뱀피로코카스(*Vampirococcus*), 델로비브리오(*Bdellovibrio*) 등의 이름을 가지기도 한다. 이런 무시무시한 드라큘라 미생물이 사람에게 덤비면 어떻게 될까 걱정을 할 수도 있지만 다행히 드라큘라 미생물들은 사람에게는 전혀 무해하고 특정 종류의 미생물만 공격한다. 마치 드라큘라가 소나 개의 피를 원하지 않고 오직 사람의 피만을 원하는 것과 같다.

병원 미생물에 의해 병발된 사람이나 동물의 질병을 치료하기 위해서는 흔히 항생제를 사용한다. 그런데 항생제 사용이 빈번해짐에 따라 항생제에 대한 내성이 생긴 병원성 미생물이 발생하여 항생제로 치료를 하더라도 병이 잘 낫지 않는 경우가 많아지고 있다. 최근의 연구에서 학자들은 항생제 내성 병원균에 대항하여 특정 병원균만 공격하는 드라큘라 미생물을 개발했는데, 치료에 적용한 결과 이미 항생제에 내성이 생긴 병원 미생물조차 잘 치료된다는 좋은 결과를 얻기 시작했다.

또한 신기하게도 드라큘라 미생물에 내성을 가지는 병원성 미생물이 생성되었지만, 초기에 비해서 병원성이 훨씬 떨어지는 좋은 결과를 얻고 있다. 결과적으로 드라큘라 미생물을 이용한 치료방법은 페니실린이나 스트렙토마이신의 개발보다도 훨씬 큰 효과를 얻을 수 있으리라 기대되는 바이다. 하지만 항생제가 여러 가지 병원균에 작용하는 반면에 드라큘라 미생물은 단지 특정 병원균에만 효과가 있다. 이러한 단점을 극복하기 위해 과학자들이 여전히 연구를 계속하고 있으므로, 가까운 장래에 새로운 질병 치료의 방법으로 대두될 수도 있을 것이다.

쇠를 먹어치우는 불가사리 미생물

수분이 있는 공기 중에서 철은 산소와의 화학작용으로 붉은색의 산화철인 녹이 생겨서 부식한다. 사람들은 철이 녹스는 것을 막기 위해서 철판 표면에 페인트를 칠해 공기 중 산소와 수분의 접촉을 막는다. 그렇다면 산소가 없는 깊은 땅속의 철로 만든 가스관이나 상하수관은 산소와 접촉이 잘 되지 않기 때문에 부식되지 않는 것일까? 아무래도 그렇지는 않은 것 같다. 땅속에 묻혀 있는 철제관도 심하게 부식이 되어서 가스관이나 상수도관이 터지는 것을 종종 볼 수 있다. 공기와 접촉이 없어서 산소가 없는데 어떻게 산화되어 녹이 스는 것일까? 연구 결과 땅속에 묻혀 있는 철제 상수도관의 부식은 공기가 없는 데서 자라는 디설포비브리오(*Desulfovibrio*)란 미생물에 의해서 일어나는 것으로 밝혀졌다.

이와 같이 공기 중 산소에 의한 산화가 아니라 미생물에 의해 철이 녹스는 현상을 생물학적 부식이라 한다. 철에 녹이 슨다는 것은 철이 물과 반응하여 수소와 산화제2철(Fe_2O_3)을 만드는 것이다. 그런데 산소가 없으면 수소가 철 금속 주위를 코팅하듯이 감싸서 녹이 스는 것을 막지만 산소가 있으면 수소와 결합하여 물을 만들기 때문에 수소의 보호 작용이 없어지면서 쉽게 산화하여 녹이 슬기 시작한다.

땅속의 가스관은 표면이 수소로 둘러싸인 채 묻혀 있어서 산소가 쉽게 접근할 수 없기 때문에 산화되기가 어려워 결국 녹이 슬지 않는다. 하지만 디슬포비브리오라는 미생물은 가스관 표면을 감싼 수소를 이용해 황산염을 황화물인 황화수소(H_2S)로 전환시켜 수소를 없애고 그 중간에 만들어진 에너지를 먹고 살아간다. 그리고 이때 만들어진 황화수소가 철을 부식시키는 중요 인자로 작용(출전: *Nature*, 427(6977): 829-832 (26 February 2004)하여 철의 부식을 촉진시키게 된다.

또한 디슬포비브리오는 자기가 자라는 데 필요한 더 많은 에너지를 얻기 위해 가스관을 둘러싸고 있는 수소가 생기는 순간 바로 이용하기 때문에 녹이 스는 속도가 배가된다. 더욱이 더 많은 수소를 이용하기 위해 가스관 속으로 침투하여 가스관에 구멍을 뚫게 한다. 즉 미생물이 철을 먹이로 에너지를 얻어서 생활하는 것이다.

미생물에 의한 철 부식으로 인한 피해는 놀랍게도 전체 철 부식 피해

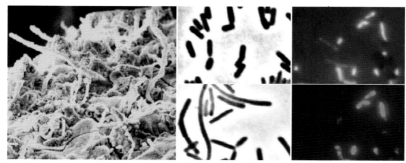

철을 먹는 미생물이 철 표면에서 자라는 모양(왼쪽)과 미생물의 모양(가운데, 오른쪽)

의 약 10퍼센트를 차지할 정도로 심각하다. 또한 가스관, 상하수도관 등 관 자체의 손실뿐만 아니라 가스 누출과 물의 누수로 인한 피해도 극심한 상황이다. 무작위로 쇠를 먹어치우고 그 에너지를 이용하여 계속해서 숫자가 엄청나게 불어나는 미생물들은 마치 고려시대 전설에 나오는 무시무시한 불가사리처럼 행동한다.

하지만 땅속에 묻힌 가스관들이 녹슬어 터질 때 그 사건의 주인공이 미생물이라면 이제는 얼마든지 대처가 가능하다. 앞으로 일어날 수 있는 여러 가지 재해 역시 우리가 지식을 가지고 자세히 들여다보면 그 해답을 구할 수 있고 그 대비책도 만들 수 있다. 인류를 위협하고 있는 조류독감, 광우병, 에이즈도 미생물에 대한 이해를 높이면 충분히 해결할 수 있는 과제라고 생각된다.

5.
새로운 역사를 쓰는
미생물의 미래

미생물이 희망찬 신세계를 연다

눈으로 볼 수 없을 만큼 작은 생명체인 미생물은 우리 주위에 얼마나 살아가고 있을까? 어린아이의 새끼손톱만한 흙 1그램 속에 중국 인구보다 더 많은 수의 미생물이 살고 있다. 사람의 몸은 약 50~60조 개 정도의 세포로 구성되어 있는데, 체내에는 수백 조 이상의 미생물이 함께 살아가고 있다. 이렇듯 인간과 미생물은 불가분의 관계이다.

호주 근해에서 발견되고 있는 '스트로마톨라이트(Stromatolite)' 라는 미생물 화석은 생성 시기가 약 35억 년 전으로 추정된다. 당시 지구는 온도가 높았을 뿐만 아니라 유독성 이산화황과 이산화탄소의 높은 함량 때문에 인간은 물론 지금 존재하는 모든 지구 생명체가 도저히 살 수 없는 환경이었다. 그런데도 미생물은 공기 중에 있는 산소와 수소의 함량을 높이고 이산화탄소를 석회석으로 고체화하여 생명체가 살 수 있는 새로운 세계, 즉 지금의 지구를 만드는 데 큰 역할을 하였다.

미생물의 놀라운 힘은 뛰어난 번식력에 있다. 사람은 태어나서 적어도 18년이 지나야 성인이 되는데, 미생물 가운데 잘 알려진 대장균은 불과 20분 만에 완전한 성체로 번식한다. 이런 속도라면 10시간 이내에 무려 10조 개의 자손을 가질 수 있다. 흔히 상한 음식물을 먹은 후 금방 배가 아픈 것은 미생물의 이런 놀라운 번식력 때문이다. 또한 미생물은 지구상의 어떤 환경에서도 살아가는 억척스러움을 보여준다. 심지어 화산지대나 수천 미터 깊이의 바닷속, 사막지대, 남북극 같은 극한지역에서도 살아서 자손을 퍼뜨릴 수 있다.

지구에는 셀 수 없을 만큼 다양한 생명체가 함께 살아가고 있는데 미생물은 지구에서 살아가는 생물체 무게의 60퍼센트를 차지하고 있다. 미생물의 체중이 아주 가벼운 것을 고려하면 상상할 수도 없는 수가 살아가고 있는 셈이다. 그런데 현재 인간의 과학기술로는 단지 1퍼센트 미만의 미생물만을 키울 수 있을 뿐이며, 아직 발견되지 않은 나머지 99퍼센트 이상은 여전히 불모지로 남아 있다.

다양한 환경에서 살아가는 미생물의 지혜를 최첨단 과학기술로 밝혀서 인간의 건강한 삶과 물질적 풍요에 보탬이 되게 하려는 것이 미생물 유전체 기술의 핵심이다. 유전체를 통해서 미생물의 기능을 분석하는 것은 보물지도를 손에 쥐는 것처럼 중요한 일이다. 실제로 21세기를 주도할 바이오 고속도로는 유전체의 해독과 그 응용기술 개발에 있다.

우리나라는 1996년까지 박테리아 신종을 발표하는 세계적인 《국제미생물계통분류학회지*IJSEM*》에 단 한 개의 신규 미생물도 발표하지 못

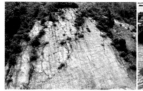

강원도 영월(왼쪽)과 호주 샤크베이(오른쪽)에서 발견된 스트로마톨라이트의 모양

했다. 하지만 미생물 과학자들의 끊임없는 노력으로 2003년부터 세계 4위, 2위를 거쳐 2005년도 이후에는 계속 1위를 지키고 있다. 참으로 의미 있는 성과라고 할 만하다.

20세기까지 인간은 토지나 건물 같은 공간을 차지하기 위해서 노력했고, 20세기 후반에는 짧은 시간에 많은 작업을 하는 속도의 시대가 되면서 정보의 중요성이 강조되었다. 미래과학자들은 21세기로 들어서면서 무한한 가능성을 가진 물질을 얻고자 경쟁하는 시대로 발전하리라고 전망하고 있다. 이러한 물질은 생물의 유전체 정보에서 얻을 확률이 매우 높기 때문에 21세기를 바이오의 시대라고 말한다. 금이나 다이아몬드를 찾으려면 보물지도가 있어야 하듯이 미래 산업의 보물지도는 생물의 유전체가 될 것이다. 그런데 생물 유전체 해석의 시작은 새로운 생물을 우리 손에 가지고 있어야만 가능하다. 따라서 새로운 미생물 자원을 많이 확보하는 것은 보물지도 초안을 손에 쥔 것과 같이 중요한 의미를 가진다.

미생물 유전체 정보는 물질적인 측면뿐만 아니라 현재 지구의 가장 어려운 숙제인 환경과 에너지 문제의 실마리를 제공할 수도 있다는 점에서 매우 중요하다. 우리가 살고 있는 현재의 지구를 생명체가 살아갈 수 있는 환경으로 만들어준 미생물들은 또다시 미래지향의 무공해, 고효율, 저에너지 기술이 실현되는 희망찬 신세계를 만드는 데도 한몫을 할 것이다.

컴퓨터 속에 살아 있는 가상 미생물

눈에는 보이지 않지만 미생물들은 분명히 살아서 생활하고 있다. 오늘날의 과학기술은 생물이 살아가는 모든 행동을 조절하고 지휘하는 암호인 유전체 정보를 해독할 수 있게 되었다. 미생물이 살아가고 있는 비밀 역시 유전체라는 한 개의 큰 설계도로 작성할 수 있다. 미생물의 생명현상인 번식을 비롯하여 영양분을 소화하고 성장하는 복잡한 생활경로 등을 유전체라는 지도로 구성할 수 있게 된 것이다. 이 유전체 지도는 미생물에게 일어날 수 있는 모든 행동을 예측할 수 있게 해 준다. 그리고 미생물이 가지고 있는 유전체 정보를 컴퓨터에 입력시켜 구동한다면 미생물을 직접 키우지 않고도 미생물에게 일어나는 생명현상을 컴퓨터 내에서 알수 있게 된다. 이와 같이 미생물의 암호화된 유전체 정보를 컴퓨터에 입력하여 컴퓨터 내에 살아 있는 생물로 만든 미생물을 가상 미생물(Cyber microorganism, Cyber cell)이라 부른다.

그런데 가상 미생물을 만드는 이유는 무엇일까? 또한 가상 미생물은 어떤 일을 할 수 있을까?

사람들의 병을 치료하는 페니실린이나 스트렙토마이신 같은 유용한 항생제뿐만 아니라 다양한 식품, 의학, 화학소재를 미생물이 만든다는 것은 너무나 잘 알려져 있는 사실이다. 과학자들은 귀중한 의약품을 많은 사람들이 효율적으로 이용할 수 있도록 하기 위해 보다 싸게 생산할 수 있는 방법을 끊임없이 연구하고 있다. 그런데 효율적인 방법을 개발하기 위해 계속되는 수백 가지 실험을 일일이 사람 손으로 한 가지씩 해결한다면 아주 많은 시간과 노력이 필요하다. 이때 컴퓨터 속에 살아 있는 가상 미생물을 사용하다면, 컴퓨터의 빠른 계산 속도와 같이 수백 수천 가지의 연구를 아주 짧은 시간에 동시에 해결할 수 있게 된다.

생물체가 수없이 손자를 낳아서 수천수만 세대로 번식하게 되면 어떻게 변할까. 미국의 한 과학자는 20분 만에 1세대, 즉 새끼를 낳아서 어른 크기로 키우는 데 걸리는 시간이 20분인 대장균이 사람이 만든 환경에서 수천수만 세대를 거치게 되면 어떻게 바뀌는가에 대한 연구를 하고 있다. 사람의 경우에는 자식을 성장시키는 데 18년 이상이 걸린다. 이에 비해 불과 20분 만에 성인이 되는 미생물도 실제로 1만 세대 이상 키우는 데에는 적어도 10년 이상의 많은 시간이 걸렸다. 만약 가상 미생물을 만들어 컴퓨터 내에서 키운다면 하루 이내에 수만 세대 후의 미생물을 볼 수 있게 될 것이다.

또한 미생물은 생물이 살기 어려운 환경조건인 공기가 희박한 성층

컴퓨터 속에서 살아 움직이는 가상 미생물의 모습

권, 깊은 바닷속, 화산지역 같은 열악한 조건에서도 살고 있는 것으로 알려져 있다. 수백 기압의 압력, 진공, 100도 이상의 높은 온도, 남북극의 혹독한 추위, 수분이 거의 없는 사막 등에서 미생물은 어떻게 살아남고 어떤 행동을 할까. 실제로 이런 조건을 만들어 미생물을 키우는 실험은 현재 기술로도 굉장히 어려운 일이다. 그러나 가상 미생물을 이용한다면, 컴퓨터 내에서 원하는 대로 극심한 조건을 만들어 결과를 얻을 수 있다. 더 나아가 달이나 화성 같은 지역에서도 미생물이 살아갈 수 있는지 또는 어떻게 하면 살아가게 할 수 있는지를 알 수 있을 것이다.

현재 기술로는 미생물 가운데 유전체 정보가 작은 것들만 컴퓨터 내에서 가상생물로 키울 수 있다. 하지만 생물의 유전체 정보가 속속 밝혀지고 있고, 컴퓨터 용량이 획기적으로 커지고 있기 때문에 앞으로는 생명 정보가 큰 동식물도 가상생물로 만드는 것이 가능할 것이다. 생물체가 살 수 없는 물질로 오염되거나 아주 열악한 환경에서 수천 세대의 새끼를 낳고 산다면 생물체의 자손들은 과연 어떻게 될까? 실제로 수천 세대에 걸친 연구는 불가능하다. 그러나 가상생물을 이용한다면 얼마든지 결과를 예측할 수 있게 된다.

가상생물 연구는 일어날 수도 있는 나쁜 환경에서 사람들이 대처할 수 있는 방법을 가르쳐 준다. 또한 가상생물을 이용하면 인간의 질병을 치료하거나 예방하는 효과가 아주 높은 새로운 약 개발도 가능하고, 점점 나빠지고 있는 지구 환경에서 사람을 포함한 동식물이 건강하게 살 수 있는 방법도 얻을 수 있다. 오염되고 있는 지구 환경을 효과적으로 정화시키는 해답도 찾을 수 있을 것이다. 달이나 화성 등의 우주 공간을 사람이 살 수 있는 환경으로 만들 수 있는 방안도 가상생물을 이용한 우주 개척을 통해 이루어질 수 있으리라고 기대해 본다.

김치 속에 숨어 있는 미생물 과학

필자가 한국인인 것을 알고 미국 출입국 관리가 "사스(SARS)와 조류독감 (AI)에 걸리지 않기 위해 날마다 김치를 먹는다"라고 친근감을 표시한 적이 있다. 도대체 김치의 어떤 성분이 우리의 건강을 지켜주는가? 김치를 만드는 주원료도 물론 중요하지만 미생물에 의한 발효산물인 유기산과 비타민을 포함한 생리활성 물질들이 그 답이다. 김치는 주로 류코노스톡 (*Leuconostoc*), 락토바실루스(*Lactobacillus*), 페디오코카스(*Pediococcus*), 바이셀라(*Weissella*)같이 흔히 우리가 마시는 발효유를 만드는 유산균종에 의해 발효된다. 이러한 김치 유산균이 발효하면서 원료 내에 있는 잡균을 죽임으로써 김치를 안전한 식품으로 만드는 것이다.

실험에 의하면 김치에서 문제가 되었던 기생충조차 충분히 발효하면 죽는다는 보고가 있다. 그렇다면 김치에는 얼마나 많은 유산균이 있는 것일까? 대략 1그램의 김치에 8억 마리 이상의 유산균이 있는 것으로 알려져 있으므로 밥을 먹을 때 한 쪽의 김치만 먹어도 최소한 40억 마리 이상의 유산균을 먹는 셈이다. 이 유산균들은 사람의 대장 내에 정상적인 미생물의 분포를 유지시켜서 병원균이 발을 붙일 수 없게 한다. 또한 장

내에 있는 유해 발암물질이나 콜레스테롤을 흡수하여 대변과 함께 체외로 배출시킴으로써 성인병을 예방하기도 한다. 유럽이나 일본 등지에서는 야채를 단지 초에 절여서 먹었는데, 김치를 미생물로 발효한 우리 조상의 지혜는 오늘날 바이오 기술의 터전을 만든 것과 같다.

사스가 발병하여 세계가 공포에 떨 때에도 한국은 안전했다. 많은 사람들이 그 까닭을 한국인이 즐겨 먹는 김치 덕분이라고 생각했다. 실제로 배추김치를 만드는 유산균의 유전체를 분석한 결과 놀라운 사실을 얻게 되었다. 김치 미생물 유전체에서 여러 가지 병원균을 예방하거나 치료할 수 있는 물질을 생산할 수 있는 유전자 군을 발견한 것이다. 또한 김치 유산균을 따로 키워서 병원성 균에 적용해 본 결과 강한 항생효과도 확인하였다. 현재 인류를 공포에 떨게 하는 사스나 조류독감에 대한 연구에서도 김치의 효과가 속속 보고되고 있다.

현재 김치 수출이 매우 어렵다고 한다. 이를 극복하기 위해서는 김치 유산균들의 맛과 효능의 비결을 과학화하여 차별된 고품위화가 필요하다. 또한 김치 미생물 유전체의 정보로부터 다양한 식의약품을 개발할 수도 있을 것이다. 미생물을 이용해 김치를 발효시킨 조상들의 지혜를 통해 볼 때 우리는 이미 바이오 분야를 발전시킬 수 있는 충분한 저력을

배추김치를 발효시키는 주 미생물인 류코노스톡 시트리움

가지고 있다. 즉 김치를 담그는 한국인은 이미 미생물학자이고 바이오의 전문가이다.

앞으로의 과학기술은 바이오, 정보, 기계기술 등을 함께 사용하는 융합기술이 될 것이다. 그리고 융합의 핵심은 다른 기술과의 결합을 통해서 새로운 블루오션(Blue ocean)을 만들 수 있는가 하는 데에 있다. 서양인들이 즐겨 먹는 햄버거나 샌드위치는 빵 사이에 햄이나 야채 등을 층층이 넣어서 만든다. 즉 완전히 섞여서 융합된 상태는 아니다. 우리나라 사람들이 즐겨 먹는 비빔밥은 어떤가? 밥에 온갖 재료를 섞어서, 즉 융합해서 새로운 맛, 블루오션을 창출한다. 비빔밥의 종류도 혼합하는 재료에 따라 야채, 산채, 김치, 콩나물, 해물 비빔밥 등 수도 없이 많고, 앞으로도 취향에 따라 얼마든지 새로운 유형의 비빔밥을 만들 수 있다. 이처럼 한국인들은 미래를 지향하는 융합기술에도 상당한 소질이 있다.

21세기가 바이오 시대거나 극미세한 나노 시대거나 융합기술 시대거나 간에 한국인은 반드시 주역이 될 것이다.

작은 것들의 놀라운 삶

흔히 미생물에 대한 우리의 생각은 '빵에 곰팡이가 펴서 못 먹는다'거나 '음식물이 대장균에 오염되어 식중독을 일으킨다'는 등 부정적인 개념에서 시작된다. 그러나 미생물이 유익하고 친밀하다는 시각으로 보면 눈에 보이지 않는 작은 생물체를 통해 놀라운 삶을 체험할 수 있게 된다.

대략 2미터 정도의 농구선수를 기준으로 볼 때 개미는 그 1000분의 1 정도 크기이다. 그런데 우리가 흔히 알고 있는 대장균의 크기는 개미의 1000분의 1 정도이니 미생물이 얼마나 작은지 알 수 있다. 한편 새끼손가락 첫 번째 마디 정도인 1그램의 흙 속에 중국 전체인구보다 많은 미생물이 존재하고, 사람의 세포 수보다 많은 미생물이 사람의 몸속에 있다는 사실에서 미생물이 우리와 얼마나 밀접한 관계인지를 알 수 있다. 지구에는 인간을 포함한 무수한 종의 동식물이 살고 있는데, 지구 생물체의 총중량 가운데 60퍼센트를 미생물이 차지하고 있으므로 무게로만 본다면 지구의 실제적인 주인은 미생물인 셈이다.

일반적으로 지구의 역사를 약 45억 년 정도로 보는데, 미생물이 살아온 나이는 30억 년 정도가 된다. 그렇게 보면 미생물은 지구에 가장 먼저 태어난 생물체이다. 30억 년 전의 지구는 높은 온도와 압력에 유독한 황화수소가 과량으로 존재했고 산소가 거의 없는 상태로 생물체가 도저히 살 수 없는 조건이었다. 미생물은 이런 상황에 적응하면서 살기 시작했는데, 오늘날 미생물의 유전체를 분석해 보면 미생물의 특성은 그대로 전해지는 것을 알 수 있다. 즉 미생물은 생명체가 살 수 있는 지금의 지구 환경을 만든 놀라운 장본인으로서 미생물 유전체는 환경을 정화하는 모든 기록이 남아 있는 귀중한 자원이다.

미생물은 수천 미터 해저나 화산지대, 남북극, 황화수소가 많은 동굴 등의 극지에서도 발견된다. 긴 역사와 어떤 환경에서도 생존하는 능력 때문에 미생물은 지구상에서 가장 다양한 존재이기도 하다. 이렇듯 다양한 미생물의 유전체 연구를 통해 우리에게 필요한 의약, 화학, 식품, 환경 및 최첨단 소재 등을 포함한 다양한 소재들의 개발이 가능하다. 실제로 미생물의 유전체는 수천 개의 기능을 가진 화학공장들로 이루어져 있다. 미생물들의 친환경적인 특성을 이용해 공해를 발생시키는 현재의 화학공정을 대신하는 저공해 공정이 속속 개발되어 성공하고 있다.

현재 공식적으로 보고(2008년 7월, 보고 수는 급격히 증가하고 있음)된

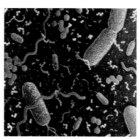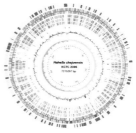

사람의 입속에 살아가는 다양한 미생물의 모습과 해독된 미생물 유전체 사진(출처: 한국생명공학연구원 김지현 박사)

미생물 유전체는 세계적으로 830개 정도이다. 그러나 미생물의 산업적 가치가 너무 높기 때문에 비공개화하는 경향이 높아서 실제로는 이보다 훨씬 많은 수의 미생물 유전체가 보고되었으리라고 추정된다. 미생물 유전체는 인간 유전체 크기의 500분의 1에서 1000분의 1인 데 비해 기능이 밝혀질 수 있는 유전자 수는 인간의 10분의 1에서 5분의 1 정도로 전체 유전체 크기에 비해 유전자의 밀도가 높다. 유전공학 기술을 이용하여 유전자를 발현시키면 다양한 기능의 단백질들을 얻을 수 있고, 단백질을 이용한 새로운 소재의 개발이 그만큼 유리하다는 것을 알 수 있다. 유전체 해석은 보물지도를 얻는 것처럼 매장된 보물을 효율적으로 찾을 수 있어서, 과거에는 5, 6년 걸리던 결과를 5, 6개월에 완성할 수 있는 큰 장점이 있다.

현대과학은 유전체를 이용하여 모든 환경을 동시에 고려할 수 있어서 과거와 같은 시행착오적 접근이 아니라 예측되는 결과로 접근하는 방식을 택한다. 그리하여 소재, 식품, 발효, 정밀화학, 환경 같은 전통산업을 획기적으로 효율적이게 할 수 있을 뿐만 아니라 미생물 정보, 생물기계, 생물전자 같은 융합기술의 도입으로 새로운 산업을 창출하여 일자리를 제공해주기도 한다.

미생물의 유전체에는 3000~7000여 개의 유전자가 있는데 여기에 관련된 물질들이 연관관계를 갖는 경로는 그물 같은 구조를 가지고 있다. 따라서 미생물의 생명현상을 단순히 생물적인 차원에서 총체적으로 해석하기는 어려운 일이다. 현재는 전산학, 물리학, 화학 등의 전문과학자들이 공동으로 연구하여 미생물을 직접 키우지 않고, 유전체 정보를 컴퓨터에 입력하여 전산에 의해서 결과를 유추하는 사이버 셀(Cyber cell), 디지털 셀(Digital cell)로 연구가 진행되고 있다.

우리나라에서도 미생물에 대한 연구가 활발하게 진행되고 있다. 새로운 세균을 발견하여 보고하는 연구 결과에서도 이미 2007년에 새로운 미생물 발견의 25퍼센트를 차지하여 연속 3년 세계 1위를 지키고 있다. 미생물 유전체 해석 또한 국내에서 30종 이상의 미생물 분석이 끝난 상태여서 미생물 유전체를 이용한 효율적인 산업적 응용의 성과가 속속 가시화되고 있다. 작은 미생물들이 살아가는 놀라운 삶의 지혜가 공상과학소설이 아니라 실제 우리 생활에서 살아 움직이는 기술로 개발되고 있는 것이다.

간균 Rod
막대기 또는 원통형으로 생긴 세균을 말한다. 크기와 길이는 매우 다양하고 양 끝의 모양
도 대체로 일정하지 않다. 간균은 보통 한 마리씩 흩어져 존재하고 있지만 어떤 간균은 여
러 개의 세균이 양 끝에 서로 붙어서 이어져 있어 연쇄상 간균이라고 한다. 간균 중 장티
푸스균의 경우에는 균체 주위에 다수의 편모가 있어서 운동성이 있는 경우도 있고, 일부
세균들은 균체의 한쪽 끝 혹은 중앙에 포자를 가지고 있는 경우도 있다.

계통학 Phylogeny
원시 조상에서 현재까지 이르는 생물 종들의 진화 과정을 연구하는 분야로 생물이 자연적
으로 진화한 관계에 기초하여 더 연관관계가 높은 분류군으로 생물 종들을 나열하고 이에
따른 진화 경로를 구축하는 학문이다.

고세균 Archaea
고세균은 지구상에서 가장 오랫동안 살아온 미생물이다. 생태학적으로 세균과 유사하지
만 분자적 차이가 있으며, 원핵생물과 진핵생물과는 뚜렷이 다른 원핵성 생물류이다. 예
를 들어 원시지구의 대기와 비슷한 조성인 수소-이산화탄소를 잘 이용한다는 점에서 메
탄생성 세균군도 고세균에 속한다. 지구에서 가장 오래된 생명체이기 때문에 원시세포,
세포의 초기진화, 생화학기구의 진화 등을 탐구하는 데 단서를 제시하고 있다.

고초균 Bacillus
막대기 모양으로 생긴 그람양성 미생물의 하나로서 볏짚이나 마른 풀인 고초(枯草)에 많

이 존재한다고 하여 고초균이라 이름지어졌다. 공기, 흙 등 자연계에 널리 퍼져 있고 대체로 병원성이 없다. 청국장을 만들 때 삶은 콩에 볏짚을 넣으면 고초균이 발효하여 맛있는 청국장이 된다. 또한 메주를 만들 때 짚으로 묶어주는데 이때도 짚에 있는 고초균이 콩을 분해하여 맛있는 간장과 된장을 만든다.

곰팡이 Fungi
본체가 실처럼 길고 가는 모양의 균사로 되어 있는 생물의 한 분류이다. 두꺼운 세포벽을 가지고 있으며 자신이 영양분을 만들기보다는 이미 만들어진 유기물을 이용하는 종속 영양생물이다. 경우에 따라서는 효모와도 구별하지만 엄밀하게 구별하기에는 어려움이 많으며 종에 따라서는 특이한 번식방법을 여러 가지 가지고 있다.

공생 Symbiosis
다른 두 종류의 생물이 서로 특별한 피해를 주고받지 않는 상태에서 같이 살아가는 생활양식을 뜻한다. 쌍방이 모두 이익을 주고받는 상리공생(相利共生)과 한쪽만 이익을 보는 편리공생(片利共生)이 있다. 이에 반해 한쪽은 이익을 보지만 다른 쪽은 해를 입는 관계는 공생이라 하지 않고 기생(寄生)이라 한다. 공생에는 두 종류의 생물이 고착해서 생활하는 경우와 두 종류가 독립해서 살다가 일시적인 접촉을 가지는 경우 등이 있다.

구균 Coccus
미생물의 형태가 둥근 모양인 세균을 뜻하는 것으로 세균의 형태를 구균, 간균, 나선균의 세 가지 기본형으로 분류한 데서 온 것이다. 구균 중에는 타원형이나 구형에 가까운 것, 그리고 한쪽 끝이 약간 뾰족한 것도 있다. 구균은 각기 특유한 균주간의 배열을 보이는데 포도송이 같은 것도 있고, 쌍을 이루거나 경우에 따라서는 여덟 개의 세포가 육면체를 형성하기도 한다. 대부분 그람양성균이며 병원성이 있는 미생물이다.

군락 Colony
세균 또는 단세포 조류나 균류 등이 고형배지에서 성장하며 숫자가 늘어나 육안으로도 볼 수 있는 덩어리를 만든다. 이들을 미생물의 집락이라고도 부른다.

균사체 Mycelium
곰팡이가 자라면서 만드는 흰색의 실 모양으로 흔히 빵에 핀 하얀 곰팡이에서 많이 볼 수 있다. 종(種)에 따라서 일정한 모양을 가진다. 버섯은 균사체가 모여서 우리 눈에 보이는 버섯 모양의 자실체를 만든다.

균주 Strain
같은 종 내에서 서로 다른 점이 인정되는 개체로 순수하게 분리하여 배양한 세균이나 균류를 말한다.

그람양성 Gram positive
1884년 현미경으로 미생물의 뚜렷한 모양을 관찰하기 위해 덴마크 내과의사 크리스티안 그람이 미생물 염색 시약인 그람 시약을 개발했는데, 이 시약으로 세균을 염색했을 때 염색액에 의해서 세균이 짙은 자주색을 보이는 성질을 말한다. 그람양성을 나타내는 세균은 원형질막에 단순한 펩티도글리칸이 세포벽으로 구성되어 있어서 그람 시약에 의해 진하게 염색된다. 청국장을 만드는 바실루스, 발효유를 만드는 유산균 등이 여기에 속한다.

그람음성 Gram negative
그람 염색을 했을 때 염색이 되지 않아서 색깔이 나타나지 않는 세균의 성질을 말한다. 그람음성 미생물은 그람양성균에 비해 지방이 포함된 당질이나 단백질로 세포벽이 한 겹 더 싸여 있어서 그람 시약으로 염색을 해도 지방 성분 때문에 염색이 되지 않는다. 대장균, 이질균, 임질균, 젖산균, 콜레라균, 페스트균 따위의 병원성 미생물이 많고 소화 효소에는 약하며 페니실린의 작용을 잘 받지 않는다.

극 호염성 생물 Extreme halophile
극한 미생물의 일종으로 생장하는 데 높은 농도의 염분을 필요로 하는 생물체로서 일반적으로 10퍼센트 이상의 염분을 필요로 한다.

극한 미생물 Extremophile
생명체의 서식이 불가능하다고 생각되는 높은 온도, 압력, 소금 농도 등이나 낮은 수분함량, 산소 부족 등과 같은 특수한 극한 환경에서 살아가는 미생물을 말한다. 극한 미생물들은 지구의 초기 상태였던 고온 고압, 저산소 등의 생육 조건에서 살면서 이런 극한 환경에 적응하여 생존 능력을 획득하고 현재까지 살아남아 있는 미생물로 추측되고 있다. 다시 말해 극한 미생물이란 일반 미생물이 생존할 수 없는 극한 환경에서도 생존할 수 있는 미생물을 통칭하며, 온도나 압력 같은 물리적 조건, 수소이온 농도, 염도, 습도, 용매, 금속이온 농도, 산소의 농도, 그리고 탄수화물 이외의 영양물질 등 여러 가지 화학적 환경 조건에서도 생존하는 미생물을 들 수 있다.

글루탐산 Glutamic acid

식물성 단백질 속에 많이 함유되어 있는 단백질의 구성 아미노산으로서 아미노산 중 가장 널리 존재하며 다른 아미노산의 합성과 분해에 중요한 작용을 한다. 1908년 일본의 이케다 기쿠나에가 다시마 맛의 주성분이 L-글루탐산임을 발견하였고, 이로부터 '아지노모토'라는 인공조미료가 개발되었는데, 오늘날도 조미료로 가장 많이 사용된다.

기생 Parasitism

서로 다른 종류의 생물이 함께 생활하는 가운데, 한쪽 생물은 이익을 얻는 반면 다른 쪽 생물은 해를 입고 사는 생활 형태를 말한다. 기생하는 정도에 따라 영양 활동을 하면서 일부만 다른 쪽 생물에 의존하는 반기생(半寄生)과 모든 생활 활동을 다른 쪽 생물에 의존하는 전기생(全寄生)으로 나누며, 기생하는 부위에 따라서는 내부 기생과 외부 기생으로 나눈다. 기생하는 생물을 기생생물, 기생당하는 생물을 숙주(宿主)라고 한다. 공생과는 달리 숙주가 해로운 영향을 받기도 하고 극단적인 경우에는 죽이기도 한다.

나선균 Spirillum

길이가 1~50마이크로미터 정도이며 회전하는 형태인 나선 모양의 커다란 세균으로, 끝에 편모가 있어 활발하게 운동하며 50도 내외로 회전을 하는 것도 있다. 세포의 끝에 실 모양의 편모가 있어서 빠르게 이동할 수 있다.

내성균 Resistant bacteria

항생물질이나 약물에 견디는 힘이 강한 세균으로 동일한 세균에 유효한 농도의 약물이 전혀 효과가 없는 균주를 일컫는다. 유전자의 돌연변이에 의해서 항생물질이 작용할 수 없도록 분해하는 효소의 활성을 얻거나 그런 특성을 갖는 새로운 유전자가 외부생물에서 유입되었을 때 나타나는 유전적인 변화이다.

단백질 Protein

탄수화물, 지방과 함께 사람의 3대 영양소 가운데 하나이며, 아미노산이 펩티드와 결합하여 생긴 고분자 화합물이다. 탄수화물과 지방의 기본원소인 탄소, 산소, 수소 이외에 질소를 기본원소로 하는 세포의 원형질을 구성하는 주성분으로 한다. 또한 생체 내에서 특정 유전자에 상응하는 유전암호 지시에 따라 세포 내에서 만들어지는 특정 단백질을 가리키는 말이기도 하다. 종류에 따라 근육 같은 구조물질이나 효소 또는 인슐린 같은 호르몬을 만든다. 또 혈액에서 산소를 운반하는 헤모글로빈처럼 특수한 기능을 가진 것도 만든다.

대장균 O-157 Escherichia coli O157: H7

동물이나 인간의 배설물 오염에 의하여 식품과 물에 전파되는 병원성 대장균(*E. coli*)으로 새로운 장독성(Enterotoxigenic)을 가지는 변종을 말한다. 그러나 모든 대장균이 병원균은 아니고 일반 대장균 중에는 인간에게 유익한 미생물도 있다.

대장균 E. coli

사람이나 동물의 장 속에 사는 세균으로 장 속에서 포도당을 분해하여 산을 생산하는 막대기 모양의 세균이다. 특히 대장에 많이 존재하여 대장균이라 한다.

돌연변이 Mutation

생물체에서 어버이의 계통에 없던 새로운 형질이 나타나 유전하는 현상을 말하며, 같은 종의 생물체가 가지는 고유하고 일반적인 특성과는 다른 변화를 가진다. 유전자 자체의 변화에 의하여 일어나는 경우와 염색체 일부가 잘려 없어지거나, 일부 유전자가 외부로부터 첨가되어 전체 길이가 늘어나서 발생되는 생물종의 유전적인 변화이다. 자연적으로도 일어나지만 방사선이나 화학물질 등 인위적 영향으로 일어나기도 한다. 돌연변이는 보통 생식세포에서 일어나 자손에게 전해지는데 생식세포 돌연변이와 체세포에서 일어나는 체세포 돌연변이가 있다.

돌연변이주 Mutant

돌연변이에 의해 초기 자연 상태의 세포와는 달리 생성되는 균주 종을 말한다.

디아톰 Diatoms

바다나 담수에 단독 또는 군체로 나타나는 단세포 조류를 말하며, 세포는 모두 두 개의 뚜껑으로 된 고리짝 모양의 껍데기로 되어 있다. 화석은 고생대인 쥐라기 이후부터 알려져 백악기 이후에 많아지는데, 대량의 디아톰이 퇴적되면 규조토가 된다.

라드 Rad

방사선을 쬔 물체가 흡수한 에너지의 양을 나타내는 단위로서 1라드는 방사선의 종류에 관계없이, 물체 1그램당 100에르그(erg)의 에너지를 받을 경우를 말한다.

로티퍼 Rotifer

윤형동물, 윤충류, 바퀴벌레류를 말하는 것으로 몸은 1000개 전후의 세포로 이루어지고 몸길이는 0.1~2밀리미터 정도이다. 대부분 강이나 호수에 살며 모래나 흙, 이끼 등의 주위에서 발견할 수 있고 일부는 바닷물에 사는 것도 있다.

면역 Immunization

생물체가 외부의 생물학적 공격으로부터 방어하기 위해서 적극적으로 저항하는 작용이다. 흔히 생물체는 몸속에 들어온 병원(病原) 미생물에 대항하는 항체를 생산하여 독소를 중화하거나 병원 미생물을 죽이는 생물학적 방어체제를 가지고 있다. 또한 생체는 이런 종류의 생물학적 공격을 기억하고 있다가 같은 종류의 공격에 대해서는 미리 방어무기인 항체를 만들어 병에 걸리지 않도록 한다. 이러한 상태나 작용을 말하며, 보통은 능동 면역을 말한다.

모르모트

실험적인 연구에 많이 사용되는 쥐목 고슴도치과의 포유류로 소형(몸무게 450그램, 몸길이 25센티미터)의 설치류 동물을 말한다.

바이러스 Virus

세균보다 작아서 전자현미경을 사용하지 않으면 볼 수 없는 작은 입자로, 생존에 필요한 물질로 핵산과 소수의 단백질만을 가지고 동물, 식물, 세균 등의 살아 있는 세포에 기생하며 살아간다. 바이러스를 연구하는 학문 분야를 바이러스학(Virology)이라고 한다.

바이오 정유산업 Biorefinery

바이오매스(Biomass)와 석유를 정제 가공하는 과정인 리파이너리(Refinery)의 합성으로서 바이오매스를 원료로 알코올 같은 연료와 화학물질을 생산하는 과정을 말한다. 구체적으로는 세균 등의 효소를 이용하여 설탕, 나뭇잎, 볏짚 같은 바이오매스를 저분자 탄소원으로 분해한 후 발효 미생물을 통해 바이오에탄올, 바이오디젤 같은 연료와 항생제, 화학

원료물질, 화학 고분자 등의 각종 화학제품을 생산하기 위한 원료를 뽑아낸다.

박테리오신 Bacteriocin
생물종의 특성이 유사한 세균 또는 다른 세균들을 죽이거나 성장을 억제하는 물질을 말한다. 항생제에 비해 작용하는 약효 범위가 작아서 비슷한 종류의 세균만을 약효범위로 하는 특성을 가진다. 다양한 종의 세균에 의하여 생성되며 대부분 단백질이나 펩타이드로 구성되어 있는데, 생성하는 세균의 종류에 따라 이름을 달리 붙인다. 예를 들어 대장균이 생성하는 물질은 콜리신(Colisin)이라고 한다.

박테리오파지 Bacteriophage
세균을 감염시키는 바이러스로 세균 내에서 세균의 생체활동을 이용하여 기생하며 번식하고 종국에는 감염된 세균을 죽인다. 핵산과 소수의 효소를 단백질 껍질로 싸고 있는 간단한 구조이며 각각 특정의 세균 종에만 감염한다. 근래에는 유전 형질의 화학적 특성을 연구하는 데에 쓰이고 있다. 세균에 기생하며 그 세포 내에서 증식하는 바이러스를 세균성 바이러스 혹은 박테리오파지라고 한다.

반추위 Ruman
소나 양 등 반추동물에서 볼 수 있는 첫번째 위를 말하며, 한 번 삼킨 음식물을 다시 입 안으로 토하여 잘게 씹은 후에 다시 삼키는 것을 반추라고 한다. 되새김위를 뜻하는 반추위에서는 소나 양이 먹은 풀을 반추를 통해서 이빨로 잘게 부수어 분해하기 쉽게 한 후 많은 수의 섬유소 분해 세균과 다른 종류의 미생물이 살아가면서 소와 양이 이용하기 쉬운 영양분이나 미생물 단백질을 만든다. 반추위를 가진 소와 양은 반추를 하기 위하여 보통 네 개의 위로 나뉘어져 있다. 제1위(혹위), 제2위(벌집위)에서 미생물에 의하여 소화된 음식물이 입으로 토해져 되새김하고 미생물 단백질을 생산한 후, 제3위(겹주름위)를 거쳐 제4위(주름위)에서 위액에 의해 소화하여 탄수화물과 단백질을 흡수하게 된다.

발효 Fermentation
넓은 뜻으로는 미생물이 효소를 만들어 외부 유기물을 분해하거나 변화시킴으로써 특정의 대사 산물을 만들어내는 현상을 뜻한다. 이런 현상이 사람에게 유익한 경우를 발효라고 하고, 무익하거나 나쁠 때에는 부패라고 한다. 좁은 뜻으로는 산소가 없는 상태에서 미생물이 탄수화물을 분해하여 에너지를 얻는 작용을 이른다. 술, 된장, 간장, 치즈 따위를 만드는 데에 쓴다.

발효조 Fermentor
미생물을 이용하여 미생물의 세포 수를 자동적으로 늘이거나 유용한 생리 활성물질을 생산하고자 할 때 필요한 장비이다. 온도와 pH는 기본으로 조절할 수 있고, 공기유입량, 교반속도까지 조절하여 미생물을 이용한 생산을 최적화할 수 있으며, 대량으로 생산할 수 있게 하는 장치이다. 아주 작은 500밀리리터에서 산업용으로 쓰이는 500∼1000톤까지 크기가 아주 다양하다.

방선균 Actinomycetes
흙속, 식물체, 동물체, 하천, 해수 등에 살아 있는 세균과 곰팡이의 중간적 성질을 가진 미생물을 말한다. 세균과 비슷한 크기의 세포가 마치 곰팡이의 균사처럼 실 모양으로 연결되어 발육하며 그 끝에 포자를 형성한다. 토양 중 방선균은 각종 유기물의 분해, 특히 난분해성 유기물 분해에 중요한 역할을 하며 다양한 항생물질을 만들기도 한다.

배지 Medium
미생물이나 동식물의 조직을 배양하기 위하여 필요로 하는 영양물질을 주성분으로 하고, 여기에 특수한 목적을 달성하기 위한 물질을 넣어 미생물이 잘 자라도록 하는 먹이이다. 기체상으로 얻어지는 것을 제외하고, 생존과 발육에 불가결한 물 등의 영양물질로서 탄소원, 질소원, 무기염류, 발육인자 등을 공급해준다.

백강균 Beauveria bassiana
실처럼 생긴 불완전균류의 곰팡이로 포자는 공 모양이며 흰색이다. 누에의 체표면에 붙어 발아한 포자가 체내로 침입하여 혈액을 통해 전신으로 퍼지면서 누에를 죽게 한다. 최근에는 이 미생물의 포자를 뿌려서 솔잎혹파리의 천적으로 사용한다.

백신 Vaccine
병의 원인이 되는 항원, 즉 병원체를 죽이거나(사독백신) 병을 일으키지 못하도록 약하게 만드는 것으로(약독백신) 인체에 주입하면 면역반응으로 인체가 항체를 형성하여 질병에 저항, 면역성을 가지게 하는 의약품이다. 감염증의 예방으로 사람이나 동물을 자동적으로 면역하기 위하여 쓰이는 항원(抗原)이며, 미생물학자 파스퇴르에 의해 제창되었다.

병원성 미생물 Pathogenic microbe

동식물에게 질병을 일으키는 미생물을 말한다. 병을 일으키는 원리는 병원성 미생물의 종류에 따라 다르며, 그 정도도 서로 다르다. 대부분은 특정 동식물에만 병을 일으키는 선택성이 있지만 근래에는 조류독감과 광우병처럼 사람과 동물에 공통으로 병을 일으키는 전염 병원균이 심각한 문제로 대두하고 있다.

비브리오 Vibrio

나선균에 속하는 세균으로 하나 또는 여러 개의 편모가 있으며, 굽은 막대 모양을 하고 있다. 콜레라균, 식중독균, 병원성 호염균 등이 여기에 속한다.

비피도 박테리아 Bifidobacterium

사람의 장 속에 살고 있는 유익한 젖산균으로 이 미생물이 부족하면 설사를 일으키기 쉽다. 모유를 먹이는 아기에게는 비피더스균이 많지만, 분유를 먹이는 아기는 이 균의 번식이 불충분하기 때문에 설사를 일으키기 쉽다.

뿌리혹박테리아 Rhizobium

고등식물의 뿌리에 공생하면서 뿌리의 조직을 군데군데 크고 뚱뚱하게 만드는 박테리아이다. 식물체로부터 탄수화물 등을 흡수하여 자라면서 공기 중 질소를 고정하여 식물체에 공급하여 줌으로써 식물이 자라는 데 도움을 준다. 자연계에서 질소의 순환에 중요한 구실을 하는 것으로 콩과 식물의 뿌리혹박테리아가 특히 유명하다.

사상균 Mould

곰팡이의 한 형태로 보통 그 본체가 실처럼 길고 가는 모양의 균사로 되어 있으며 눈으로 볼 수 있는 균사체를 만드는 종류이다. 빵에 피는 푸른곰팡이 페니실륨 글라우쿰(*Penicillium glaucum*)이나 메주에 생기는 검은 곰팡이 아스퍼질러스 나이가(*Aspergillus niger*)를 예로 들 수 있다.

생물정보학 Bioinformatics

생명체가 가지고 있는 유전체(Genome)를 해독하여 얻은 유전체(유전자들의 총체), 단백체(단백질의 총체), 대사체(저분자 화합물질의 총체) 등의 정보를 가공 처리하여 유용한 정보를 얻어내는 학문을 생물정보학이라고 한다. 생물정보학은 생물체가 가지는 모든 정보를 시스템화하기 때문에 기본적으로 컴퓨터를 이용해 생물학을 연구하는 모든 분야를 포함한다.

선충 Nematoda
동식물에 기생하거나 토양의 유기물로 생존하는 실 모양의 선형동물을 말하는 것으로 좌우대칭형의 모습을 하고 있고, 몸은 앞뒤로 긴 원통 모양이나 가늘고 긴 실 모양을 띤다.

섬모 Ciliation
일부 미생물, 또는 섬모충류의 체표 및 다세포동물의 섬모상피 세포 표면에 있는 운동성의 세포기관을 가리킨다.

섬유소 Cellulose
자연계에 가장 많이 존재하는 유기화합물로 식물이 태양에너지와 이산화탄소를 이용하여 생산하며 주로 식물의 지지대 역할을 한다. 식물 세포벽의 기본구조이며, 모든 식물성 물질의 30퍼센트 이상을 차지한다. 사람은 섬유소를 소화시킬 수 없으나, 소나 말 등의 초식동물이나 흰개미 등은 뱃속 미생물을 이용하여 분해하는 것이 가능하다. 자연계에 다량으로 존재하는 섬유소는 공업적으로도 중요한 자원이 된다.

세포벽 Cell wall
세포막에 비해 두껍고 견고하여 외부로부터 세포를 보호하고 세포의 모양을 유지하도록 하는 것으로 식물세포나 미생물들의 세포막 외부를 감싸고 있는 벽을 말한다. 박테리아 같은 원핵생물들도 세포벽을 가지고 있다.

수지 Resin
소나무나 전나무 따위의 침엽수에서 분비된 점도가 높은 액체 혹은 그것이 공기 중에서 굳어진 물질인 송진, 고무와 같은 천연수지와 천연수지와 비슷한 물성이지만 단위체를 화학적으로 합성하여 고분자화 시킨 합성수지(플라스틱, 합성섬유 등)로 구분된다.

슈도모나스 Pseudomonas
한글로는 녹농균으로 표기되는 미생물로 영양이 별로 없는 저영양 상태에서도 잘 자란다. 150종에 이르는 많은 종을 포함하는 속이며, 세포는 단모 또는 속모를 가지고 운동하는 것과 비운동성인 간균으로 흔히 형광성을 가지거나 녹색, 청색, 보라색, 황색 등의 색소를 내는 것, 또 불용성인 선홍색 또는 황색 색소를 가진 것도 있다. 그람음성균이며 토양, 담수, 바닷물 속에 널리 분포한다.

스트렙토마이신 Streptomycin
방선균의 일종인 스트렙토미세스 그리세우스(*Streptomyces griseus*)의 대사물에서 발견된 항생물질이다. 미국의 왁스먼(S. A. Waksman)이 1952년 발견하여 결핵치료에서 효과를 입증함으로써 노벨상을 받았다. 결핵, 임질, 폐렴, 구균 감염증, 세균성 이질, 뇌막염 같은 대부분의 세균성 질환에서 효과가 탁월하다.

스트로마톨라이트 Stromatolite
광합성을 하는 세균인 시아노박테리아(Cyanobacteria)에 의해 생겨서 수억 년 동안 굳어진 거대한 돌덩어리를 일컫는다. 시아노박테리아는 대부분의 생물이 살기 힘든 수억 년 전의 원시 대기에서 이산화탄소를 이용한 광합성으로 산소를 만들면서 수억 년을 살아온 지구 생물의 산증인이다.

시스템 미생물학 Systems microbiology
몇 개의 유전자를 대상으로 개인 미생물학자가 개별적으로 연구하던 분자생물학의 시대를 벗어나, 여러 분야의 연구자가 연합하여 다수의 유전자를 총체적으로 들여다볼 수 있는 시스템을 구축함으로써 한 개의 단순한 현상을 뛰어넘어 생물 개체 수준의 연구를 가능케 하는 미생물학을 의미한다. 연구 방향은 미생물 유전체를 이용하여 미생물 내부에서 일어나는 현상을 총체적으로 해석해 나가는 방식이다. 한 균주 혹은 세포를 유전자, 단백질, 대사물질 등이 서로 유기적으로 연결된 통합된 시스템이라 보고, 그 시스템이 거동하는 기본 작동원리를 밝히는 연구 분야라 할 수 있다.

시안화물 Cyanide
시안화수소산의 염을 가리킨다. 청산가리가 가장 대표적인 시안화물이며 물에 의해 분해되면서 강한 독성물질이 된다. 금, 은 등의 정련, 도금공업 등에 널리 이용되고 있으며 독성이 강한 물질로 매우 쓴 아몬드 냄새를 풍긴다. 신경염이나 갑상선 등 내분비계통의 장애를 일으키는 맹독성 물질이다.

시토크롬 Cytochrome

1886년 맥먼이 동물의 근육 중에 존재하는 붉은 색소단백질을 발견하였다. 1925년 케일린(Misha Keylin)은 이 색소가 동식물의 세포, 세균, 곰팡이, 효모 등에 널리 존재하고 세포호흡에 관여하는 것을 발견하여 '세포색소'라는 뜻의 시토크롬으로 명명할 것을 제안하였다.

식중독균 Food poisoning

세균 감염에 의한 세균성 식중독을 일으키는 세균인 살모넬라(*Salmonella*), 장 비브리오 (*Vibrio*) 등을 말한다. 넓은 의미에서는 포도상구균(Staphylococcus), 보툴리누스균 (*Clostridium*) 등 독소형 식중독을 야기하는 세균을 포함하기도 한다. 음식물을 섭취할 때 체내로 들어와서 급성 또는 만성적인 질환을 일으킨다.

실 선균 Filamentous

실처럼 가늘고 긴 모양의 세균을 말한다.

쌍편모조류 Dinoflagellates

원생생물문에 속하는 것 가운데 엽록체가 있는 조류로 분류되는 편모조류 중 하나이다.

알리신 Allicin

마늘에 들어 있는 매운 성분으로 강한 살균, 항균 작용 외에 혈액순환, 소화촉진, 당뇨병에 대한 효과 및 암 예방에도 관여하는 것으로 알려져 있으며, 마늘의 독특한 냄새와 약효의 주된 성분이다.

AHL Acyl homoserin lactone

세균 중 일부는 주변에 있는 세균의 수를 감지하여 충분한 숫자로 늘어나면 autoinducer (AI)라는 정보 전달물질을 생산하여 분비함으로써 단체적으로 독성을 생산하거나 고분자 물질을 생산하는 등의 행동을 한다. 이런 세균의 단체행동을 개체 수 인식(Quorum Sensing) 기작이라 부르는데, 그람음성균에서는 이 정보 전달물질이 AHL(Acyl homoserin lactone)로 알려져 있다. 개체 수 인식에 의해 조절되는 기능으로 병원성의 발현, 항생물질 생산, 고분자 바이오필름 생산 등의 현상이 잘 알려져 있다.

연쇄상 구균 Streptococcus

현미경으로 관찰할 때 구슬모양의 구균들이 사슬처럼 서로 붙어서 길게 늘어진 상태로 증식·배열하는 그람양성 구균의 한 무리이다. 이들이 이어진 사슬모양을 만들기 때문에 연쇄상 구균이라고 부른다. 병원성을 나타내는 것으로 단독(丹毒), 성홍열, 패혈증, 류머티즘열, 산욕열 따위를 일으키는 균들이 있다.

영양공생 Syntrophy

서로 다른 생물 종이 부족한 영양을 보충하며 생활하는 것으로 단독으로는 증식할 수 없는 두 종류 이상의 미생물이 함께 살아가면서 제각기 분비하는 영양 물질로 증식하는 일을 말한다.

원생생물 Protist

단세포 생물을 통틀어 이르는 말이다. 말라리아 같은 병을 일으키는 것도 있지만, 일반적으로 이들은 다른 종류의 미생물에 비해 인간의 생활에 별 영향을 끼치지 않는다. 하등인 경우에는 식물과 동물의 구별이 어렵다.

원핵생물 Prokaryotes

세포 내에 핵의 요소가 되는 물질이 있으나 핵막이 없어 핵의 구조가 없는 생물로서 대부분 단세포로 되어 있으며, 광합성 능력을 가진 남조류와 광합성 능력이 없는 원핵균류가 있다.

유기산 Organic acid

무기산에 대응하는 것으로 산성을 나타내는 유기 화합물을 통틀어 지칭하는 말이다.

유전체 Genome

생명체가 가지고 있는 유전정보 전체를 말하며 생물의 구조물질을 만드는 유전자는 물론, 생체 조절 유전자, 아직 기능이 밝혀지지 않은 유전자를 포함해 해당 생물이 가지는 모든 DNA의 염기서열 정보를 망라한다. 1920년 윙클러(H. Winkler)가 반수성의 염색체 1조를 게놈(영어 발음은 지놈)이라는 용어로 부르기 시작하였다. 하나의 게놈 속에는 상동염색체가 포함될 수 없으며, 게놈 속에 있는 하나의 염색체 또는 그 일부분만 상실되어도 생활기능에 중대한 영향을 받는다. 게놈을 구성하는 염색체는 각종 생물마다 고유의 기본수

로 이루어져 있는데, 사람은 46개, 침팬지는 48개, 소는 60개, 초파리는 8개, 벼는 22개
등이다.

인디고 Indigo
천연염료 중에서 가장 많이 사용되는 청색 염료이며 '쪽'이란 식물이 만드는 색소로 특히
청바지 염색에 많이 사용된다. 최근에는 미생물 유전자 조작을 이용한 대량생산으로 의류
염색에 사용한다.

자실체 Fruiting body
균류에서 포자를 만드는 영양체를 자실체라고 한다. 주변에서 흔히 접할 수 있는 버섯이
대표적이다.

재조합 DNA Recombinant DNA
두 개의 서로 다른 개체로부터 DNA 조각을 얻어 인위적으로 결합시켜 만든 DNA를 말한
다. 예를 들면 세균의 DNA에 사람의 인슐린 유전자를 넣어준 것을 재조합 인슐린 DNA
라 한다.

절대 혐기성 미생물 Strict anaerobe
산소가 있는 환경을 싫어하는 미생물을 말한다. 수억 년 전 원시지구에는 산소가 거의 없
고 이산화탄소와 유황가스가 많아서 이때 살았던 생물은 산소가 없는 곳에서 잘 자랐다.
이런 생명체들은 산소가 없는 환경에서 오늘날까지 진화하여 왔기 때문에 산소의 존재에
의하여 오히려 피해를 입을 수도 있다.

점액세균 Myxobacteria
점액물질에 싸여 있는 막대 모양의 세균으로 수백만 마리가 모이면 일정한 건축물을 만드
는 특성이 있다. 섬유소를 먹고 자라는 점액세균과 대장균과 같은 세균을 먹고 자라는 점
액세균이 있다.

접종 Inoculation
자손을 잘 퍼트릴 수 있는 환경에 미생물을 집어넣어서 키우는 일을 말한다. 미생물의 특
성에 맞추어 놓은 배지를 액체 또는 고체로 제공하고, 여기에서 다른 미생물의 오염 없이

원하는 미생물을 키운다.

접합 Conjugation
균체 표면 일부에서 세균과 세균이 세포 간의 접촉을 통하여 서로 결합함으로써 한쪽 세균의 유전 물질이 다른 쪽 세균으로 전달되는 현상을 말한다.

조류 Algae
원생생물계에 속하는 진핵생물군으로서 대부분 광합성 엽록소를 가지고 독립 영양생활을 한다. 외형적으로나 기능적으로 뿌리와 줄기, 잎 등이 구별되지 않으며 포자에 의해 번식한다.

종 Species
생물 분류의 기본 단위로서 일반적으로 말하는 생물의 종류가 여기에 해당한다. 개체 사이에서 교배(交配)가 가능한 한 무리의 생물로서 다른 생물군과는 생식적(生殖的)으로 격리된 것이라고 정의할 수 있다.

진균 Fungi
보통 세균류와 점균류를 제외한 버섯, 곰팡이 등을 통틀어 말하며 격막이 있는 고등 균류를 일컫는다. 후자의 경우에는 자낭균류와 담자균류로 나눈다. 몸이 균사로 되어 있고 엽록소가 없어 기생 또는 부생 생활을 하며 포자나 영양 생식으로 번식한다. 진균에는 우리에게 유익한 발효균 및 식용버섯과 그 밖의 자원균류가 있고, 상당히 많은 식물병원균이 있다. 자연계에서 물질의 순환에 커다란 역할을 하며, 식품이나 공업 분야에 이용되는 종도 많다.

진핵생물 Eukaryotes
세포가 막으로 둘러싸인 핵을 가지고 있는 생물이다. 단세포성 또는 다세포성으로 단세포 생물의 일부와 육안으로도 식별할 수 있는 효모, 곰팡이부터 대형 생물인 동식물, 사람까지 포함한 생물 전부가 이에 해당된다.

진핵세포 Eukaryote
단위막으로 둘러싸인 핵과 다른 세포 소기관을 가지는 세포 또는 생물체이다.

초고온성 미생물 Hyperthermophile
생장 최적온도가 80도 이상인 원핵 미생물을 말하는데, 심지어 100도 이상에서 자라는 미생물들도 화산지대에서 많이 발견되고 있다.

초산 Acetic acid
자극적인 냄새와 신맛이 나는 무색의 액체로 우리가 먹는 식초의 주성분이다.

컴퓨터 분석 In silico
컴퓨터를 사용하여 실제 상황이 아닌 가상적인 상태에서 실험을 하는 프로그래밍을 뜻한다. 예를 들어 미생물과 똑같이 작동하는 사이버 생명체인 가상세포(Cyber cell, E-cell)를 만들어 생체실험이나 시험관 실험에서 얻을 수 있는 것과 똑같은 결과를 얻어낼 수 있다. 이처럼 컴퓨터 모의실험만으로 생명현상을 연구할 수 있는 기술을 말한다.

코리네박테리움 Corynebacterium
그람양성의 편성 혐기성 간균형 미생물로 주로 아미노산을 생산하는 데 이용하지만 이 속에 속하는 일부 미생물은 병원성이 있는 경우도 있다.

콜레스테롤 Cholesterol
스테로이드와 알코올의 조합어인 스테롤의 하나로 모든 동물의 세포막에서 발견되는 지질의 일종이다. 고등동물의 세포 성분으로 널리 존재하며 간, 뇌, 척수, 신경조직, 부신(副腎), 혈액 등에 많이 들어 있고, 혈전의 주요 구성성분으로 생리 생화학적 반응에 중요 역할을 한다. 몸 안에서 다른 물질에 피가 녹지 않도록 혈구를 보호하여 주지만 혈액 내에 양이 많아지면 동맥경화증이 나타난다.

클론 Clone
단일세포 또는 개체로부터 무성적(無性的) 증식에 의하여 생긴 유전적으로 동일한 세포군 또는 개체군을 말한다. 영양계(營養系) 또는 분지계(分枝系)라고도 하며, 1903년 웨버가 명명한 것이다. 바이러스의 경우에도 한 개의 입자에서 유래한다고 생각되는 자손의 집단을 관용적으로 클론이라고 한다. 클론 속의 하나하나의 개체를 말할 때는 라멧(Ramet)이라고 한다.

탄저병 Anthracnose

탄저균 감염에 의한 질환으로서 수백 년 동안 아시아, 유럽, 아프리카 등 전 세계에서 동물과 사람은 물론 식물에서도 자연적으로 발생하고 있다. 물론 동물, 식물, 사람에 따라 발생하는 탄저균은 다르다. 탄저는 그리스어로 'Coal'이란 뜻으로 피부에 검은 궤양이 생긴 데서 유래되었다.

토륨 Thorium

천연으로 존재하는 방사성 원소로서 1898년 슈미트와 퀴리가 각각 독립적으로 방사성 원소임을 발견했다. $\alpha-$ 선을 방사하는 진한 회색의 무거운 금속으로 원자력 연료로 쓰인다.

편모 Flagellum

생물의 세포 표면에 돌기물로 형성된 채찍모양의 세포기관을 말하며, 세포를 움직이게 하는 운동기관으로서 가느다란 섬유상을 보이고 회전운동을 한다. 일반적으로 섬모에 비해 수가 적으나 훨씬 굵고 길다. 미생물의 종류에 따라 편모를 가지지 않는 것도 있으며, 하나나 두 개를 가지는 경우, 그 이상을 가지는 경우가 있고, 세포 표면상의 위치도 모여 있거나 흩어져 있는 등 다양한 분포를 보이고 있다.

평판배지

미생물이 자라는 영양분을 굳히기 위해 고형화시키는 한천을 넣고 멸균하여 액체화한 배지를 평판접시(Petridish)에 부어서 만든 고체 배지를 말한다.

포도상구균 Staphylococcus

지름 1마이크로미터 미만의 구슬 모양 세포가 불규칙한 포도송이처럼 뭉쳐 있는 세균으로서 대표적인 예로 상처를 곪게 하는 화농균을 들 수 있다. 대부분이 병원성 미생물이다.

포자 Spore

고사리 같은 양치류, 조류(藻類) 또는 버섯이나 곰팡이 같은 균류가 만들어내는 생식세포를 말한다. 포자식물의 무성적인 생식세포로 보통 홀씨라고도 하는데 다른 것과 합체하는 일 없이 단독으로 발아하여 새 개체가 된다.

프리온 Prion

단백질(Protein)과 비리온(Virion: 바이러스 입자)의 합성어로 동물과 인간에게 치명적인 신경퇴행성 질환인 해면상 뇌질환을 일으키는 병원체이다. 일반적으로 광우병(狂牛病)을 유발하는 인자로 알려져 있는데, 이제까지 알려진 박테리아나 바이러스, 곰팡이, 기생충 등과는 전혀 다른 종류의 질병 감염인자이다. 사람을 포함해 동물에 감염되면 뇌에 스펀지처럼 구멍이 뚫려 신경세포가 죽음으로써 해당되는 뇌기능을 잃게 된다. DNA나 RNA 같은 핵산이 없이 감염성 질환을 일으키는 것이 특징이며, 증식 과정은 아직 정확하게 밝혀지지 않았다.

피넨 Pinene

꽃향기가 나는 무색 액체로 상쾌한 향기가 있어서 인공향료의 원료나 살충제 등으로 쓴다.

항미생물제 Antimicrobial agent

미생물을 죽이거나 생장을 저해하는 화학물질을 말한다.

항산성 Acid fastness

미생물을 염기성 아닐린색소로 염색한 후 무기산 처리했을 때, 아닐린색소가 탈색되기 어려울 만큼 지방 함량이 높은 세포벽에 대한 표현이다.

항생물질 내성 Antibiotic resistance

많은 미생물이 항생물질에 대하여 죽거나 생육이 저해되는 등의 민감한 반응을 보이는 데 비해 항생물질이 있어도 생장할 수 있는 미생물의 후천적 능력을 말한다.

항생물질 Antibiotic

미생물이 생산하거나 화학적으로 합성된 화학물질로서 다른 미생물이나 해충, 잡초의 발육 또는 대사 작용을 억제시키는 생리작용을 지닌 물질을 말한다. 미국의 왁스만이 anti(항)+bios(생명)에서 antibiotics, 즉 항생물질이라고 이름을 붙였다.

항생제 Antibiotics

방선균, 진균 등의 미생물이 생산하는 대사산물로 다른 미생물들의 성장을 억제하거나 사멸시키는 항생물질로 된 약제를 말한다. 최초의 항생제는 1929년 플레밍이 푸른곰팡이에서 발견한 페니실린이다.

항원 Antigen
생체 속에서 항체를 형성하게 하는 단백성 물질로 동물의 체액에 들어가면 면역반응을 유발하는 물질을 말한다.

항체 Antibody
외부에서 들어온 물질(항원)을 인지하고, 이에 대항하여 혈청이나 조직 속에 형성되는 물질을 말한다. 동물이 만들어내는 단백질의 일종인 글로불린(Globulin)으로 되어 있으며, 보통은 면역체계에서 감염된 미생물의 일부분을 외래 항체로 인식하여 만든다. 열쇠와 자물쇠처럼 상응하는 항원에 대해서만 특이적으로 반응하므로, 몸에서 항원을 처리하는 데 도움을 준다.

핵 Nuclei
세포 내에서 명확한 핵의 분화를 볼 수 없는 생물인 원핵생물의 세포에 있는 DNA, RNA, 단백질의 복합체를 일컫는다. 유전물질인 DNA가 들어 있고 세포의 모든 활동을 조절하는 세포 내 기관으로 세균이나 남조류를 제외한 대부분의 세포에 있으며 대개 세포의 중앙에 있다.

핵단백질 Nucleoprotein
동식물의 세포 속에 있는 핵산과 단백질의 결합물이며, 세포의 발육 증식에 꼭 필요한 물질로서 염색체 및 바이러스의 구성 물질이다.

핵산 Nucleic acids
모든 생물의 세포 속에 필수적으로 존재하는 고분자 유기물의 일종으로 염기, 오탄당, 인산으로 구성되어 있다. 특히 핵에 다량으로 존재하는 산성 물질이라는 의미로 핵산이란 명칭이 붙여졌다.

혐기성 Anaerobe
산소를 싫어하여 일반적인 공기에서는 잘 자라지 아니하는 미생물의 성질을 말한다. 수억 년 전 원시지구에 나타났던 생명체들은 산소가 없던 당시의 지구 환경에서 현재까지 진화

되어 왔기 때문에 산소가 존재하면 오히려 피해를 입을 수도 있다.

혐기성 미생물 Anaerobe

산소가 없는 상태에서 정상생활을 지속할 수 있는 생물로 산소가 희박하거나 산소가 없는 곳에서 발견되며 세균, 방사상균, 효모균, 원생동물 등이 해당된다. 유기물을 보다 낮은 화학에너지를 가지는 유기물로 분해하며 이때에 유리되는 에너지를 이용하는 효율이 낮은 무기호흡을 한다.

형질전환 Transformation

외부로부터 주어진 DNA에 의하여 생물의 유전적 성질이 변하는 것으로, 1928년 영국의 프레드 그리피스(Fred Griffith)가 폐렴쌍구균을 이용하여 실시한 실험이 계기가 되어 발견되었다. 폐렴쌍구균, 대장균 등의 박테리아에서 볼 수 있는 현상으로 아직 고등생물에서는 밝혀진 바가 없다.

호기성 Aerobic

세균 따위가 산소를 좋아하여 공기 중에서 잘 자라는 성질을 말한다. 통성, 절대, 미 호기성으로 구분한다.

호기성 생물 Aerobe

산소를 좋아하여 공기 중에서 잘 자라는 생물을 말하며 통성, 절대, 미 호기성으로 구분되는데 대부분의 하등 동식물, 고등식물, 고등동물이 호기성 생물에 속한다.

호박 Amber

수만 년 전 지질 시대에 소나무에서 생기는 끈적끈적한 송진 같은 나무의 진 따위가 땅속에 묻혀서 탄소, 수소, 산소 등과 화합하여 굳어진 누런색 광물을 말한다. 투명하거나 반투명하고 광택이 있으며, 불에 타기 쉽고 마찰하면 전기가 생긴다. 아름다운 것은 오래전부터 장신구로 사용되었으며, 끈적끈적한 진에 벌레가 붙어서 호박 속에 벌레가 들어 있는 것들이 있다.

호염성 미생물 Halophile

소금기가 있는 환경을 좋아하여 염분 농도가 높은 곳에서도 잘 서식하는 미생물을 말한다.

효모 Yeast

빵, 맥주, 포도주 등을 만드는 데 사용되는 미생물로, 곰팡이나 버섯 같은 분류의 무리이지만 균사가 없고, 광합성능이나 운동성도 가지지 않는 단세포 생물의 총칭이다. 전형적인 효모는 출아에 의해 증식하는 크기 8마이크로미터의 타원형과 구형 세포이다.

효소 Enzyme

살아 있는 세포가 생산하는 단백질로 특별한 화학 반응을 촉진시키며 생물 촉매(Biocatalysis)라고 부르기도 한다. 화학촉매를 사용하는 것보다 공해를 훨씬 덜 유발시키고 효율성이 높아 경제적이므로 화학공업에서도 많이 사용되고 있다. 하지만 화학촉매와는 달리 단백질이기 때문에 영구히 사용할 수는 없다.

보이지 않는 지구의 주인
미생물

초판 1쇄 펴낸날 2008년 8월 5일 **3쇄 펴낸날** 2009년 3월 30일

지은이 오태광

펴낸이 변동호
출판실장 옥두석 | **책임편집** 이선미 · 변영신 | **디자인** 김혜영 | **마케팅** 김현중 | **관리** 이정미

펴낸곳 (주)양문 | **주소** (110-260) 서울시 종로구 가회동 172-1 덕양빌딩 2층
전화 02.742-2563~2565 | **팩스** 02.742-2566 | **이메일** ymbook@empal.com
출판등록 1996년 8월 17일(제1-1975호)

ISBN **978-89-87203-94-2 03400**   잘못된 책은 교환해 드립니다.